计算机应用与职业技术实训系列

中文 PowerPoint 2007 幻灯片制作实训教程

刘广瑞　乔金莲　编

西北工業大學出版社

【**内容提要**】本书为计算机应用与职业技术实训教材之一。主要内容包括中文 PowerPoint 2007 概述、演示文稿的基本操作、图形对象的插入与编辑、插入和编辑多媒体对象、设置演示文稿的外观、设置演示文稿的动态效果、放映幻灯片、打印输出演示文稿，最后结合实例介绍了 PowerPoint 2007 的强大功能。

本书通俗易懂，操作步骤叙述详细，既可作为 PowerPoint 培训教材，也可供广大幻灯片爱好者和专业动画设计人员参考。

图书在版编目（CIP）数据

中文 PowerPoint 2007 幻灯片制作实训教程/刘广瑞，乔金莲编. —西安：西北工业大学出版社，2008.4（2018.9 重印）

（计算机应用与职业技术实训系列）

ISBN 978-7-5612-2361-1

Ⅰ. 中…　Ⅱ.①刘… ②乔…　Ⅲ. 图形软件，PowerPoint 2007—技术培训—教材　Ⅳ. TP391.41

中国版本图书馆 CIP 数据核字（2008）第 032033 号

出版发行：西北工业大学出版社
通信地址：西安市友谊西路 127 号　邮编：710072
电　　话：(029) 88493844　88491757
网　　址：www.nwpup.com
电子邮箱：computer@nwpup.com
印 刷 者：陕西向阳印务有限公司
开　　本：787 mm×1 092 mm　1/16
印　　张：11
字　　数：289 千字
版　　次：2008 年 4 月第 1 版　2018 年 9 月第 4 次印刷
定　　价：30.00 元

前　言

计算机的日益普及，极大地改变了人们的工作和生活方式，越来越多的人在积极学习计算机知识，掌握相关软件的使用方法，努力与现代社会同步。其中更多的人学习计算机知识是为了进一步提高自身的职业能力和职业素质，以适应激烈的市场竞争和就业竞争。为了满足读者的实际需求，我们精心编写了这套"**计算机应用与职业技术实训系列**"教材。

本系列教材真正从便于广大读者学习计算机知识的目的出发，根据国家教育部最新颁布的计算机教学大纲及人事部、信息产业部、劳动和社会保障部对计算机职业技能培训的要求，结合作者多年的教学实践经验，在听取了广大计算机初学者的意见和建议的基础上编写而成。全套书**突出为职业教育量身定制的特色，满足就业技能的培训要求，以工作任务为导向，以培养职业能力为核心，以工作实践为目的**。在理论与实践紧密结合的基础上进一步把内容做"**精**"，把形式做"**活**"，既利于教师上课教学，又便于读者理解掌握，使读者用最少的时间和金钱去获得最多的知识，并能真正地应用于实际工作中。

本书内容

PowerPoint 2007 是 Microsoft 公司推出的一款使用广泛、功能强大的演示文稿制作软件。它的成功之处在于其操作界面的简单灵活和功能的不断完善，它的每一个新版本与前一版本相比，都有非常大的改进，但自始至终都朝着操作简单和功能完善的方向发展。并且，在界面基本保持不变的情况下，对许多菜单、命令、工具、按钮和面板组件等进行整合，使界面更加简洁和一致，因而被广泛应用在广告设计、课件制作、产品演示等领域。

本书共分 9 章。第 1 章主要介绍了 PowerPoint 2007 的基础知识，即 PowerPoint 2007 的启动与退出、新增功能、工作界面以及视图方式等；第 2 章介绍了演示文稿的基本操作，即创建演示文稿、输入和编辑文本、编辑幻灯片等；第 3 章介绍了图形对象的插入与编辑，即图形文件、剪贴画、形状、SmartArt 图形、艺术字、表格和图表的插入与编辑；第 4 章介绍了插入和编辑多媒体对象；第 5 章介绍了设置演示文稿外观，即更改幻灯片版式、应用主题、设置幻灯片背景、应用母版等；第 6 章介绍了设置演示文稿的动态效果；第 7 章介绍了放映幻灯片；第 8 章介绍了打印输出演示文稿；第 9 章是实例精解。

特色展示

☑ 完整的教学体系和规范的课程安排，切合职业培训需要

本书是一本体系完整的计算机职业培训教材，选材全面，编排讲究，适合作为计算机

职业应用教学用书，也可作为各大中专院校计算机相关专业教材，还可作为计算机爱好者的自学用书。

☑ **实例驱动的教学模式，紧扣教学需求**

本书将实用易学的实例贯穿于各个章节，不但可以调动读者的兴趣，而且能够最大限度地锻炼读者的实际动手能力。

☑ **图像解说的写作手法，便于学习掌握**

本书以活泼直观的图解方式来代替呆板的文字说明，使读者真正实现直观地学习，使学习的过程更加轻松有效。

☑ **结构设置合理，利于读者实践**

本书从最基础的理论知识讲起，在各章都附有重点提示，让读者有针对性地学习本章内容。同时在重点知识的讲解过程中配以“注意”“提示”“技巧”等精彩点拨，帮助读者更加准确地完成操作。

☑ **免费提供电子课件，活跃教学氛围**

为了方便教师开展教学活动，提高教学效果，我们将为教师免费提供与教材配套的电子课件及相关素材。

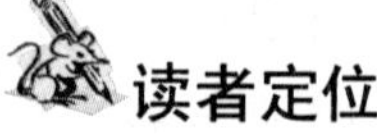

读者定位

☑ **需要接受计算机职业技能培训的读者**

☑ **全国各大中专院校相关专业的师生**

☑ **计算机初、中级用户**

由于编者水平有限，疏漏之处在所难免，敬请读者朋友批评指正。

编　者

目 录

第 1 章　中文 PowerPoint 2007 概述

PowerPoint 2007 中文版是 Microsoft Office 2007 办公软件的组成部分，它是基于 Windows 环境下的专门用来编制演示文稿的应用软件，利用它可以制作出集文字、图形、图像、声音及视频剪辑等多媒体对象于一体的演示文稿，并且可以制作投影胶片。它通常用于教学、演讲、展览等场合。制作出的演示文稿不仅可以通过打印机打印出来，制成标准的幻灯片，在投影仪上显示，还可以直接在计算机上演示。

本章重点

（1）PowerPoint 2007 的启动与退出。

（2）PowerPoint 2007 的新增功能。

（3）PowerPoint 2007 的界面简介。

（4）PowerPoint 2007 的视图方式。

（5）使用帮助。

1.1　PowerPoint 2007 的启动与退出

本节将介绍中文版 PowerPoint 2007 最基本的操作，启动和退出 PowerPoint 2007。这是运用 PowerPoint 2007 进行制作和编辑演示文稿的基础。

1.1.1　启动 PowerPoint 2007

启动 PowerPoint 2007 的方法有多种，下面介绍 3 种常用的启动方法。

1．常规启动

常规启动是启动 PowerPoint 2007 最常用的方式，其方法是选择 开始 → 所有程序(P) → Microsoft Office → Microsoft Office PowerPoint 2007 命令，如图 1.1.1 所示。

2．通过快捷菜单启动

使用快捷菜单启动 PowerPoint 2007 是最快捷的方式，其方法是在桌面上单击鼠标右键，弹出其快捷菜单，从中选择 新建(W) 命令，打开其级联菜单，如图 1.1.2 所示。在级联菜单中选择 [illegible] 命令，可以在桌面中创建一个演示文稿图标，双击该图标就可以直接启动 PowerPoint 2007 应用程序。

3．通过桌面图标启动

在安装软件时如果已经将 PowerPoint 2007 的快捷图标复制到桌面上，则可以用鼠标直接双击该图标启动 PowerPoint 2007 应用程序。

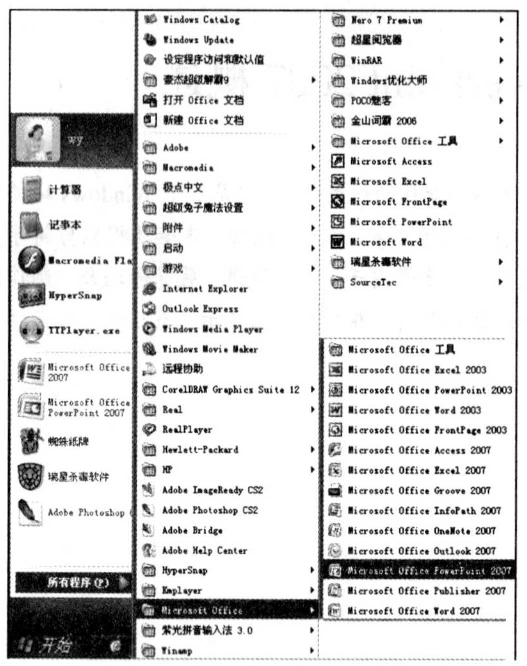

图 1.1.1　常规启动 PowerPoint 2007

图 1.1.2　桌面快捷菜单启动 PowerPoint 2007

1.1.2　退出 PowerPoint 2007

如果完成对 PowerPoint 2007 的操作，就可以退出该应用程序，以释放更多的空间供其他应用程序使用。退出 PowerPoint 2007 的常用方法有以下 3 种。

1．菜单命令法

单击“Office”按钮，在弹出的下拉菜单中选择 退出 PowerPoint(X) 命令。

2．窗口按钮法

单击 PowerPoint 2007 窗口右上角的“关闭”按钮。

3．快捷键法

在 PowerPoint 2007 窗口中按“Alt+F4”快捷键。

使用上述方法中的任意一种，都可以退出 PowerPoint 2007 应用程序。在执行退出 PowerPoint 命令时，如果当前编辑中的演示文稿没有存盘，则会弹出一个如图 1.1.3 所示的提示框，提示用户是否保存对该演示文稿的更改。

图 1.1.3　提示框

单击 是(Y) 按钮，可保存对演示文稿的更改并退出 PowerPoint 2007；单击 否(N) 按钮，

则放弃保存对演示文稿的更改并退出 PowerPoint 2007；单击 取消 按钮，则取消退出 PowerPoint 2007 的操作，重新返回到演示文稿的编辑窗口中。

1.2　PowerPoint 2007 的新增功能

随着办公自动化的普及，PowerPoint 作为办公自动化软件的一个重要组成部分，其应用越来越广泛，所以要学习 PowerPoint 2007，首先要从它的新增功能开始。

1.2.1　全新的直观型外观

PowerPoint 2007 具有一个称为“功能区”的全新直观型用户界面，与早期版本的 PowerPoint 相比，它可以帮助用户更快更好地创建演示文稿。用户可以在直观的分类选项卡和相关组中查找功能和命令；从预定义的快速样式、版式、表格格式、效果及其他库中选择便于访问的格式选项，从而以更少的时间创建更优质的演示文稿；利用实时预览功能，在应用格式选项前查看它们。如图 1.2.1 所示为功能区示例图。

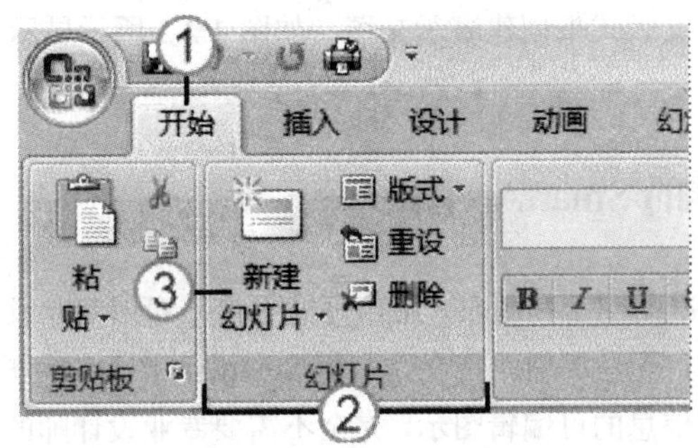

图 1.2.1　功能区示例图

（1）选项卡都是按面向任务型设计的。

（2）在每个选项卡中，都是通过组将一个任务分解为多个子任务。

（3）每个组中的命令按钮用于执行一个命令或显示一个命令菜单。

1.2.2　主题和快速样式

PowerPoint 2007 提供新的主题（主题是主题颜色、主题字体和主题效果三者的组合，它可以作为一套独立的选择方案应用于文件中）、版式（版式是幻灯片上标题和副标题文本、列表、图片、表格、图表、形状和视频等元素的排列方式）和快速样式（快速样式是格式设置选项的集合，使用它更易于设置文档和对象的格式）。当用户设置演示文稿格式时，PowerPoint 可以为用户提供广泛的选择空间。

过去，演示文稿格式设置工作非常耗时，因为用户必须分别为表格、图表和图形选择颜色和样式选项，并要确保它们能相互匹配。现在主题简化了专业演示文稿的创建过程，用户只要选择所需的主题，PowerPoint 2007 便会执行其余的任务。单击一次鼠标，背景、文字、图形、图表和表格全部都会发生变化，以反映用户选择的主题，这样就确保了演示文稿中的所有元素能够互补；更重要的是，可以将应用于演示文稿的主题应用于Microsoft Office Word 2007文档或Microsoft Office Excel 2007工作表。

在演示文稿中应用主题之后，“快速样式”库将发生变化，以适应该主题，在该演示文稿中插入的所有新 SmartArt 图形、表格、图表、艺术字或文字均会自动与现有主题匹配。由于具有一致的主题颜色（主题颜色是文件中使用的颜色的集合，主题颜色、主题字体和主题效果三者构成一个主题），所有材料就会具有一致而专业的外观。

1.2.3 自定义幻灯片版式

版式是定义幻灯片上待显示内容的位置信息的幻灯片母版的组成部分。版式包含占位符（占位符是一种带有虚线或阴影线边缘的框，绝大部分幻灯片版式中都有这种框。在这些框内可以放置标题及正文，或者是图表、表格和图片等对象），占位符可以容纳文字（标题和项目符号列表）和幻灯片内容（SmartArt 图形、表格、图表、图片、形状和剪贴画），也可以在版式或幻灯片母版中添加文字和对象占位符，但不能直接在幻灯片中添加占位符。

版式本身只定义了幻灯片上要显示内容的位置和格式设置信息。PowerPoint 2007 包含五种内置的标准版式，用户也可以创建自定义版式以满足特定的组织需求，这样，组织中的演示文稿创建人员就可以使用内置版式或自定义版式来创建演示文稿。如图 1.2.2 所示显示了幻灯片中可以包含的所有版式元素。

1.2.4 设计师水准的 SmartArt 图形

过去，要创建设计师水准的图示和图表，用户可能不得不雇用专业设计师，但是设计师交给用户的图示是以图像形式保存的，无法编辑。现在，利用 SmartArt 图形，用户可以在 PowerPoint 2007 演示文稿中以简便的方式创建信息的可编辑图示，完全不需要专业设计师的帮助。用户可以为 SmartArt 图形、形状、艺术字和图表添加绝妙的视觉效果，包括三维（3D）效果、底纹、反射、辉光等。如图 1.2.3 所示为创建的一种 SmartArt 图形。

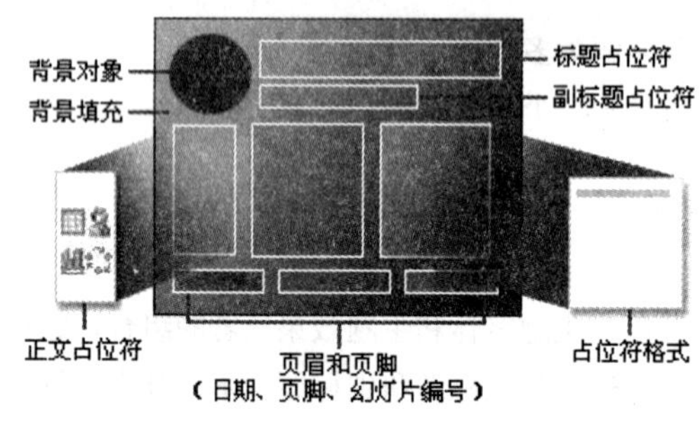

图 1.2.2 幻灯片中的版式元素

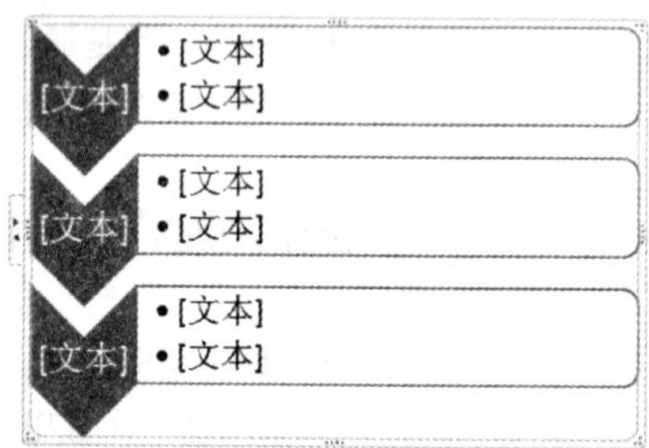

图 1.2.3 创建的 SmartArt 图形

1.2.5 新增文字选项

新增文字选项可以使用多种文字格式功能（包括形状内文字环绕、直栏文字或在幻灯片中垂直向下排列的文字，以及段落水平标尺）创建具有专业外观的演示文稿。新的字符样式为用户提供了更多文字选择。除了早期版本的 PowerPoint 中的所有标准样式外，在 PowerPoint 2007 中还可以选择全部

大写或小型大写字母、删除线或双删除线、双下画线或彩色下画线，还可以在文字上填充颜色、添加线条、阴影、辉光，调整字距（字距调整是调整两个字符之间的间隔，以实现等间距的外观，将文字与给定空间相匹配，并调整行间距）和 3D 效果。

1.2.6　幻灯片库

在 PowerPoint 2007 中，不仅可以通过在位于中心位置的幻灯片库（指位于运行 Microsoft Office SharePoint Server 2007 的服务器）中存储单个幻灯片文件，共享和重复使用幻灯片内容，也可以将 PowerPoint 2007 中的幻灯片发布到幻灯片库，还可以将幻灯片库中的幻灯片添加到 PowerPoint 演示文稿中。由于用户可以轻松地重复使用已有的内容，因此，在幻灯片库中存储内容，削减了重新创建内容的必要性。

使用幻灯片库时，可以通过将演示文稿中的幻灯片与服务器上存储的幻灯片相链接，确保用户拥有最新内容。如果服务器版本改变，则会提示用户更新幻灯片。

1.3　PowerPoint 2007 的界面简介

PowerPoint 2007 的主要功能是对每张幻灯片中的文本、图形以及各种对象进行编辑和排版等操作，并且对每一套演示文稿中的多张幻灯片进行管理和维护。

选择 开始 → 所有程序(P) → Microsoft Office → Microsoft Office PowerPoint 2007 命令，即可启动新版的 PowerPoint 2007 工作界面，如图 1.3.1 所示。它与 PowerPoint 2003 相比，界面更加漂亮、更具可操作性。

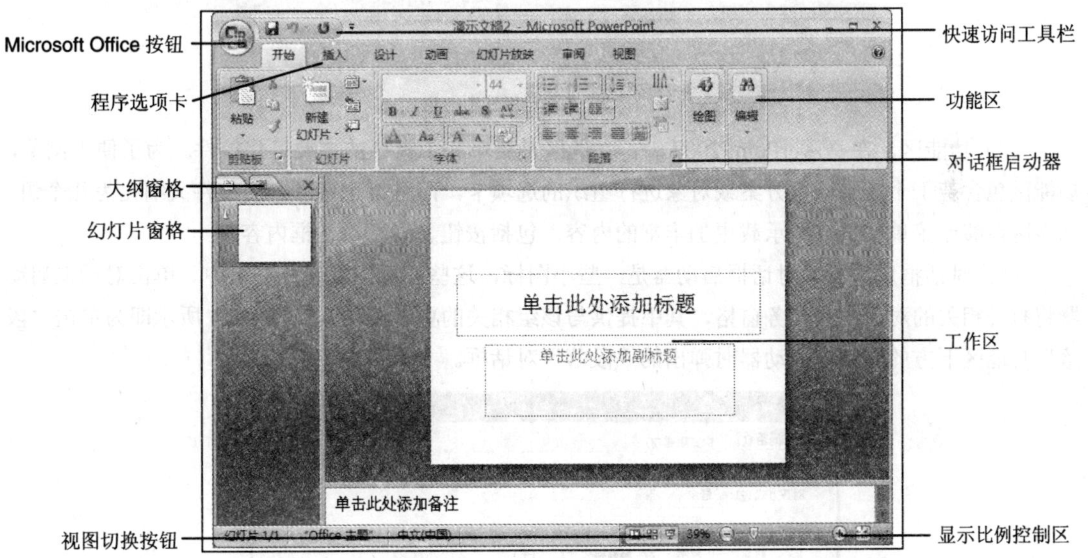

图 1.3.1　PowerPoint 2007 工作界面

中文 PowerPoint 2007 与早期版本相比，其工作界面有了较大的变化，现将各主要组成部分的名称及功能介绍如下：

（1）Microsoft Office 按钮。Microsoft Office 按钮位于 PowerPoint 窗口的左上角，用于打开此处显示的菜单。单击该按钮，即可打开如图 1.3.2 所示的下拉菜单。用户可以在该菜单中找到原

PowerPoint 2003 中“文件”菜单中的相关命令。

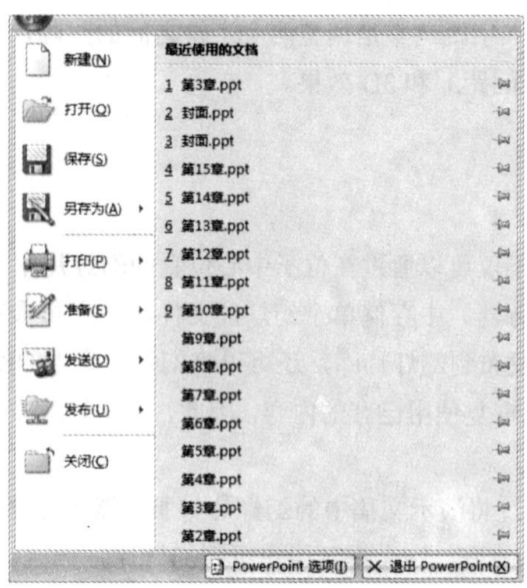

图 1.3.2　下拉菜单

（2）快速访问工具栏。默认情况下，快速访问工具栏位于 PowerPoint 2007 窗口的顶部，使用它可以快速访问用户频繁使用的工具。除此之外，用户还可以将经常使用的工具添加到该工具栏中，以快速打开某个工具。

（3）程序选项卡。当用户切换到某些创作模式或视图（包括打印预览）时，程序选项卡会替换标准选项卡集，如图 1.3.3 所示即为切换到备注母版时显示的选项卡集。

图 1.3.3　备注母版选项卡集

（4）功能区。在 PowerPoint 2007 中，功能区是菜单和工具栏的主要替代控件。为了便于浏览，功能区包含若干个围绕特定方案或对象进行组织的选项卡，而且每个选项卡的控件又细化为几个组。功能区能够比菜单和工具栏承载更加丰富的内容，包括按钮、库和对话框内容。

（5）对话框启动器。对话框启动器是一些小图标，这些图标出现在某些组中。单击对话框启动器将打开相关的对话框或任务窗格，其中提供与该组相关的更多选项。如图 1.3.4 所示即为单击“段落”功能区下方的对话框启动器时弹出的“段落”对话框。

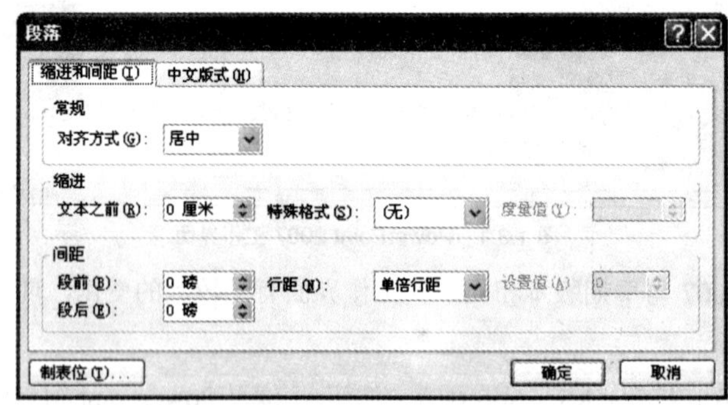

图 1.3.4　“段落”对话框

（6）上下文工具。上下文工具使用户能够操作在页面上选择的对象，如表、图片或绘图。单击对象时，相关的上下文选项卡集以强调文字颜色出现在标准选项卡的旁边。如图 1.3.5 所示即为创建时弹出的上下文工具。

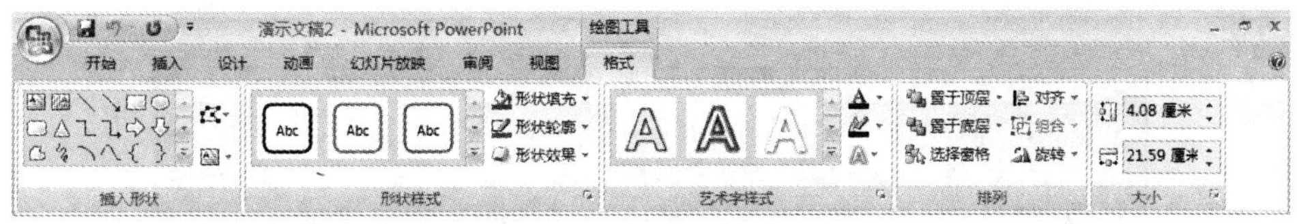

图 1.3.5　上下文工具

（7）显示比例控制区。在 PowerPoint 2007 中，显示比例控制区位于工作窗口的右下角，单击按钮，可放大显示窗口；单击按钮，可缩小显示窗口；单击按钮，可使幻灯片适应当前窗口显示。

1.4　PowerPoint 2007 的视图方式

在 PowerPoint 2007 中，视图是非常重要的，它实现了用户与机器间交互的工作环境，是用户进行幻灯片及演示文稿创作的平台。在 PowerPoint 2007 中根据不同的需要提供了不同的视图方式，包括普通视图、幻灯片浏览视图、备注页视图和幻灯片放映视图。不同的视图模式有特定的作用，用户在学习和使用时必须深入了解和灵活应用各种视图模式。在制作幻灯片过程中选择一种自己认为合适的视图模式，可以大大提高工作效率。

1.4.1　普通视图

普通视图用来编辑幻灯片的视图版式，实际上包含了大纲视图、幻灯片视图和备注页视图 3 种最常用的视图模式。单击“普通视图”按钮，即可切换到普通视图显示方式，如图 1.4.1 所示，其中大纲模式是按照演示文稿中的幻灯片编号将所有幻灯片显示在大纲编辑窗口中。

图 1.4.1　普通视图的大纲模式

在普通视图中单击大纲标签，可切换到大纲视图中，如图 1.4.2 所示。在大纲视图模式中，PowerPoint 窗口左边的大纲选项卡中列出了所有幻灯片的文字内容，而幻灯片编辑窗口中则呈现出选中的一张幻灯片。使用普通视图的大纲模式，可以在大纲选项卡内直接编辑文字内容，使得查找和编辑更加方便。

图 1.4.2　大纲视图

1.4.2　幻灯片浏览视图

幻灯片浏览视图是缩略图形式的演示文稿幻灯片。单击“幻灯片浏览视图”按钮，即可切换到幻灯片浏览视图。在该视图模式下，所有幻灯片依次排列在 PowerPoint 窗口中，如图 1.4.3 所示。

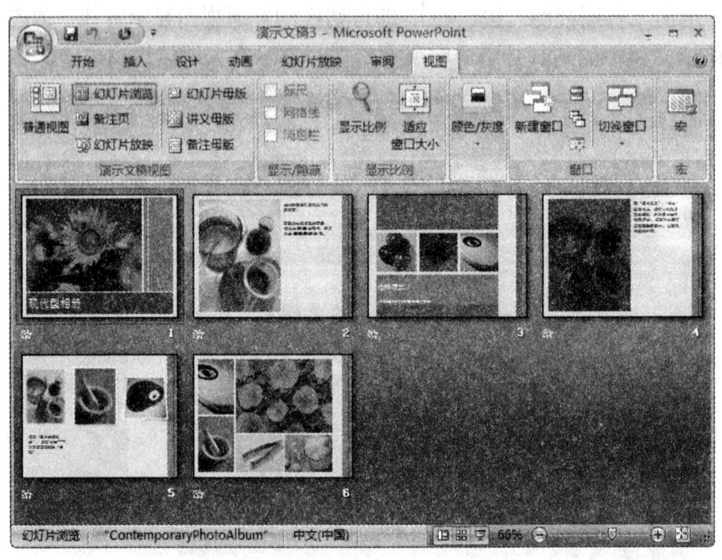

图 1.4.3　幻灯片浏览视图

在幻灯片浏览视图中，可以从整体上浏览整套演示文稿的效果，浏览各幻灯片及其相对位置，并

可以方便地进行幻灯片的复制和移动等操作。另外，对演示文稿进行整体编辑还包括改变幻灯片的背景设计和配色方案、调整顺序、添加或删除幻灯片等，但不能编辑幻灯片中的具体内容，只能切换到普通视图中进行编辑，幻灯片浏览视图适用于从整体上浏览和修改幻灯片效果。

提示 在幻灯片生成之前，可利用幻灯片浏览视图，检查视图是否有不协调的地方，还可以通过更换模板对整个文稿进行一次全面的检查。

1.4.3　备注页视图

在备注页视图中可以为幻灯片创建备注。演讲者在演讲时，常常需要一份演讲稿，一边放映幻灯片，一边讲解，而用户也可以把演讲稿或与幻灯片相关的资料写在备注中，以免另外打印演讲稿。创建备注有两种方法，即在普通视图下的备注区中进行创建和在备注页视图模式中进行创建。

在“视图”选项卡中的“演示文稿视图”选项区中单击 备注页 按钮，即可切换到备注页视图，如图 1.4.4 所示。

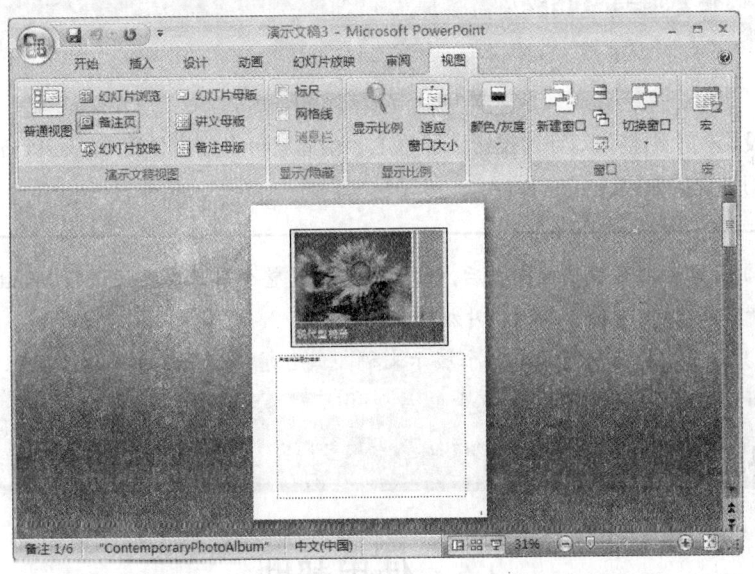

图 1.4.4　备注页视图

切换到备注页视图后，可能会发现输入的文字非常小，这是由于显示比例过小的原因，用户可以适当地放大显示比例。

注意 除文字外，插入到备注页中的对象只能在备注页中显示，可通过打印备注页打印出来，但是不能在普通视图模式下显示。

1.4.4　幻灯片放映视图

单击窗口右下方的“幻灯片放映”按钮 ，即可打开幻灯片放映视图，这时就开始放映幻灯片。此时幻灯片占据整个屏幕，就像使用一个实际的幻灯片放映演示文稿一样，如图 1.4.5 所示。

图 1.4.5 幻灯片放映视图

如果使用投影仪，则整张幻灯片投影到屏幕上。由此就可以知道使用 PowerPoint 制作的电子演示文稿被称做幻灯片的原因。

（1）开启幻灯片放映视图之后，幻灯片占据了整个屏幕，无法进行 Windows 窗口操作，按“Esc”键即可退回到幻灯片放映视图状态。

（2）如果想从头到尾观看整个演示文稿，或者想要使用放映计时，可在“视图”选项卡中的“演示文稿视图”选项区中单击 幻灯片放映 按钮或按“F5”键。如果单击窗口右下角的“幻灯片放映”按钮，演示会从当前幻灯片开始且不计时。

1.5 使用帮助

PowerPoint 2007 提供强大的帮助功能，快速地解决用户在操作过程中遇到的困难。下面将简单介绍帮助任务窗格的使用。

在 PowerPoint 2007 工作窗口中按“F1”键，即可打开 PowerPoint 2007 帮助窗格，如图 1.5.1 所示。

用户可以直接在该窗格中的浏览 PowerPoint 帮助区域中单击相应的超链接，以打开相应的帮助主题。如果该区域中没有合适的项目，可直接在搜索栏中输入要搜索的项目，单击 搜索 按钮以搜索相关的帮助信息。

在 PowerPoint 帮助窗格的下方，有一个特色内容区域，用户可以在查看 PowerPoint 2007 中的新增内容以及参考 PowerPoint 2003 中的命令在 PowerPoint 2007 中的位置。

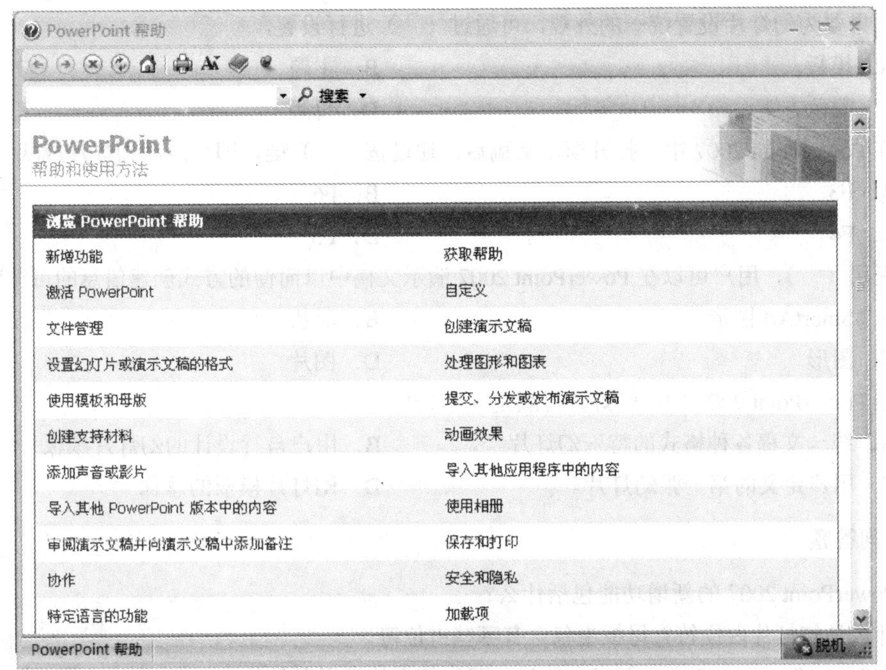

图 1.5.1　PowerPoint 2007 帮助窗格

小　结

本章主要介绍了 PowerPoint 2007 的启动与退出、新增功能、界面简介、视图方式以及帮助等内容。通过本章的学习，读者应熟悉 PowerPoint 2007 的工作界面，对其新增功能有基本的了解，以便为后面的学习打好基础。

过关练习一

一、填空题

1．PowerPoint 2007 提供了多种视图方式，它们分别为幻灯片放映视图和__________、__________和备注页视图等。

2．在 PowerPoint 2007 中，最常用的启动该软件的 3 种方法分别是__________、__________和通过桌面图标启动。

3．在 PowerPoint 2007 中，最常用的退出该软件的 3 种方法分别是__________、__________和快捷键法。

二、选择题

1．用户只有在（　）中才可以编辑或查看备注页文本及其他对象。

A．幻灯片浏览视图　　B．普通视图

C．幻灯片放映视图　　D．备注页视图

2．如果要为幻灯片设置统一的外观，可通过（　）进行设置。

A．模板　　B．主题

C．配色方案　　D．母版

3．在 PowerPoint 2007 中，打开演示文稿后，通过按（　）键，即可启动幻灯片放映。

A．F3　　B．F6

C．F4　　D．F5

4．利用（　），用户可以在 PowerPoint 2007 演示文稿中以简便的方式创建信息的可编辑图示。

A．SmartArt 图形　　B．形状

C．图形　　D．图片

5．在 PowerPoint 2007 中，幻灯片母版是（　）。

A．统一文稿各种格式的特殊幻灯片　　B．用户自行设计的幻灯片模板

C．用户定义的第一张幻灯片　　D．幻灯片模板的总称

三、问答题

1．PowerPoint 2007 的新增功能包括什么？

2．什么是幻灯片占位符？母板中包含有哪些占位符。

3．在 PowerPoint 2007 中，保存文件时，默认的文件扩展名是什么？

四、上机操作题

1．启动 PowerPoint 2007 应用程序，了解其主要新增功能并熟悉工作界面。

2．练习如何在 PowerPoint 2007 的 5 种视图方式之间进行切换。

第 2 章　演示文稿的基本操作

在第一章中对演示文稿有了一个初步的认识，本章介绍如何向幻灯片中添加内容，它是制作演示文稿中最基础的部分。然后介绍添加幻灯片文本方面的知识，并介绍向幻灯片中输入文本和根据幻灯片来编辑文本等内容。

本章重点

（1）创建演示文稿。

（2）输入文本。

（3）编辑文本。

（4）编辑幻灯片。

2.1　创建演示文稿

在介绍完演示文稿的视图方式之后，本节将介绍如何创建演示文稿，使用户能对演示文稿进行最基本的操作。

2.1.1　创建新演示文稿

用户在启动 PowerPoint 2007 的过程中，系统会自动创建一个演示文稿，并将其命名为“演示文稿 1”，除此之外，用户还可以通过以下 3 种方法新建演示文稿。

（1）单击“快速访问”工具栏中的“新建”按钮，即可新建一个空白演示文稿。

（2）选择→新建(N)命令。

（3）按“Ctrl+N”快捷键。

2.1.2　保存演示文稿

将演示文稿创建完成后，需要将其保存到磁盘上，以保存演示文稿中的数据。用户可以使用以下 4 种方法保存演示文稿。

（1）如果是首次保存演示文稿，选择→保存(S)命令，会弹出“另存为”对话框，如图 2.1.1 所示，用户可在该对话框中为演示文稿输入文件名及保存路径，单击保存(S)按钮即可。

（2）如果用户已保存了演示文稿，单击“快速访问”工具栏中的“保存”按钮，可保存演示文稿中所做的修改工作。

（3）如果用户要为当前演示文稿创建副本，可选择→另存为(A)命令，即可弹出“保存文档副本”下拉菜单，如图 2.1.2 所示。用户可在该菜单中选择合适的命令，以创建特定格式的副本。

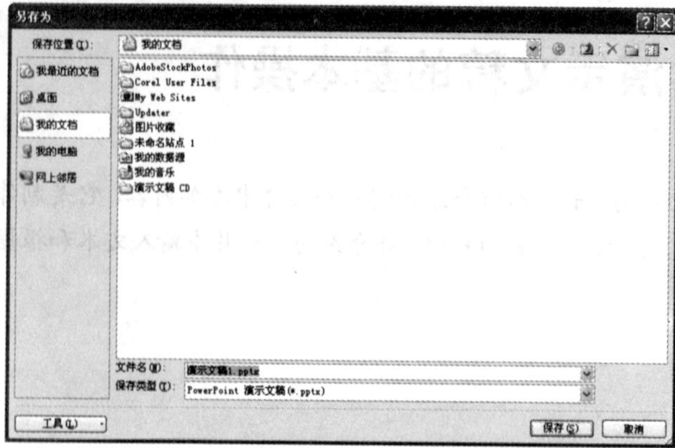

图 2.1.1 “另存为”对话框

图 2.1.2 “保存文档副本”下拉菜单

除此之外，PowerPoint 2007 具有自动保存功能，用户可以自行设置自动保存的时间，具体操作步骤如下：

（1）选择→PowerPoint 选项(I)命令，弹出“PowerPoint 选项”对话框，如图 2.1.3 所示。

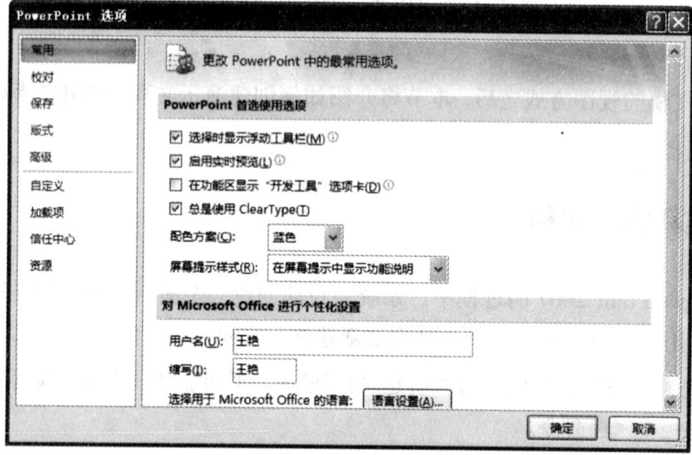

图 2.1.3 “PowerPoint 选项”对话框

（2）选择保存选项，打开“保存”选项内容，如图 2.1.4 所示。

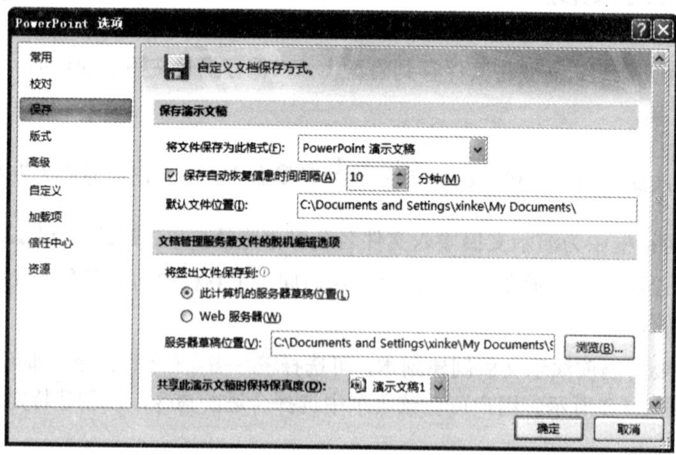

图 2.1.4 “保存”选项

（3）选中☑保存自动恢复信息，每隔(S):复选框，设置对演示文稿进行自动保存和恢复的时间间隔，如设定为“10 分钟”。

（4）单击 确定 按钮即可。

2.1.3　打开演示文稿

当用户启动 PowerPoint 2007 后，系统会自动打开一个演示文稿。如果要打开已经存在的演示文稿，具体操作步骤如下：

（1）单击“快速启动”工具栏中的“打开”按钮，弹出“打开”对话框，如图 2.1.5 所示。

（2）在“查找范围”下拉列表框中，选择要打开文档所在的目录，在显示文件名窗口中选中需要打开的演示文稿（或在“文件名”列表框中输入演示文稿名称）。

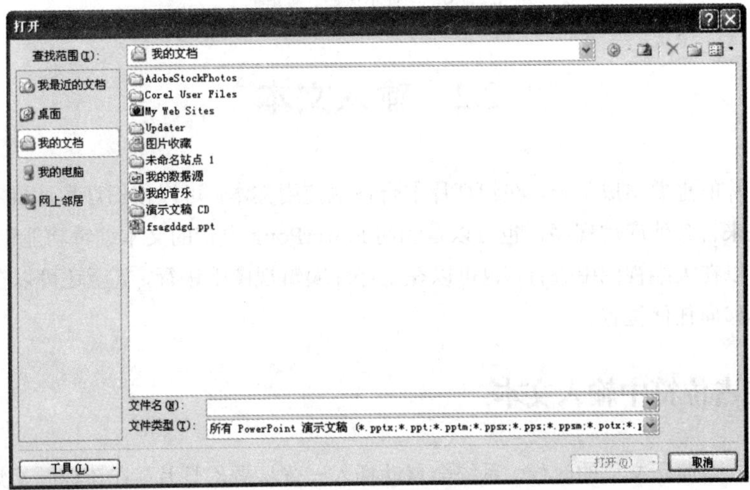

图 2.1.5　“打开”对话框

（3）单击 打开(O) 按钮（或双击需要打开的演示文稿）。

注意 如果用户想要打开 PowerPoint 2007 所支持的其他格式文件，首先应在“文件类型”下拉列表中选择“所有文件”，然后选中所需打开的文件，再单击 打开(O) 按钮。

2.1.4　关闭演示文稿

对演示文稿完成了编辑之后就要关闭文档，有以下 5 种方法可关闭文档：

（1）选择 → 关闭(C) 命令。

（2）单击文档右上角的“关闭”按钮。

（3）双击菜单栏左上角的按钮。

（4）按“Ctrl+F4”快捷键。

（5）按“Ctrl+W”快捷键。

提示 如果修改完演示文稿后，没有进行保存，则 PowerPoint 2007 会自动弹出如图 2.1.6 所示的对话框，提示用户是否需要对修改过的演示文稿进行保存。保存该演示文稿，则单击 是(Y) 按钮；不保存，单击 否(N) 按钮；不关闭该演示文稿，继续进行编辑，则单击 取消 按钮。

图 2.1.6 “提示保存”对话框

2.2 输入文本

文本是幻灯片的重要组成部分，在幻灯片中合理地使用文本，可以使幻灯片达到实用性。幻灯片中的文本可以是来自其他应用程序，也可以是利用 PowerPoint 自带的文本编辑功能输入的文本。

输入文本可以在大纲视图中进行，也可以在幻灯片编辑视图中进行，甚至还可以在文本框中输入文本，然后将其移向任何位置。

2.2.1 在占位符中输入文本

当用户打开一个演示文稿的时候，系统会自动插入一张标题幻灯片。在该标题幻灯片中，有两个虚线框，这两个虚线框被称为占位符（所谓占位符就是通常所说的光标）。通常情况下，在占位符中添加文本是最简易的方式，占位符中可以输入标题和正文以及插入图片和表格等内容。在输入文本之前，占位符中有一些提示性的文字。当鼠标单击该占位符之后，这些提示信息就会自动消失，而且光标的形状就会变成一条短竖线，这时就可以在占位符中输入文本。

1. 输入文本

在占位符中输入标题的具体操作步骤如下：

（1）启动 PowerPoint 2007 后，系统会自动新建一张幻灯片。

（2）在该启动界面中有两个占位符，如图 2.2.1 所示。单击要输入标题文本的占位符，使光标定位在其中。

（3）输入标题的内容。在输入文本的过程中，PowerPoint 2007 会自动将超出占位符的部分转到下一行。

2. 调整占位符

演示文稿中的标题文本有大有小，若标题文本的大小超出了占位符的容量，超出的部分将无法显示。如果要显示全部的标题文本，就必须调整占位符的大小。调整占位符大小的具体操作步骤如下：

（1）首先单击需要调整大小的占位符，这时，在占位符的边框上将出现 8 个尺寸控制点，如图 2.2.1 所示。

（2）在占位符处单击鼠标右键，在弹出的快捷菜单中选择 设置形状格式(O)... 命令，这时将弹出“设置形状格式”对话框，如图 2.2.2 所示。

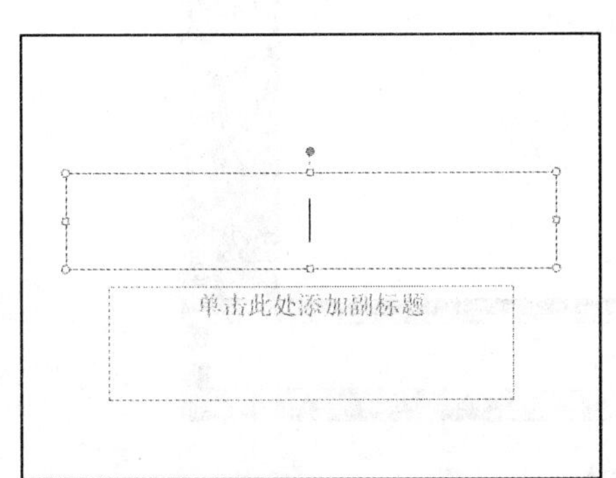

图 2.2.1　输入标题文本的占位符

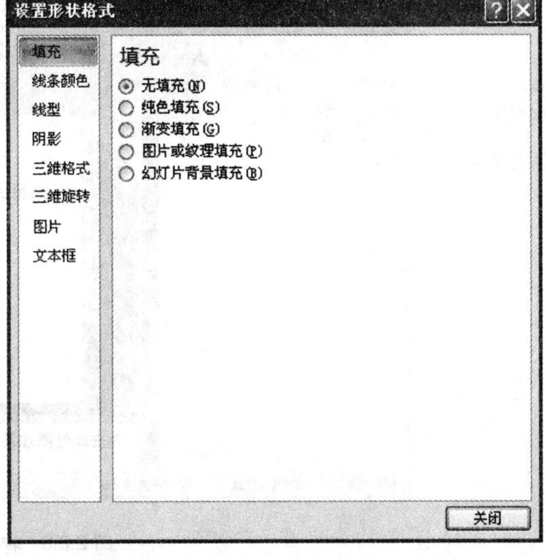

图 2.2.2　“设置形状格式”对话框

（3）在“设置形状格式”对话框中可以设置占位符的填充、线条颜色、线型、阴影、三维格式、三维旋转等，设置完成后单击 关闭 按钮即可。

另外，也可以使用手动的方式来设置占位符，其具体操作步骤如下：

（1）首先选定要设置的占位符。

（2）将鼠标指针指向其中的任意一个尺寸控制点，鼠标指针将变成一个黑色的双箭头。

（3）按住鼠标左键并拖动鼠标，占位符将沿着箭头的方向扩张或收缩。当调整占位符到适当的大小时，释放鼠标即可。

调整占位符不仅包括调整占位符的大小，还包括调整占位符在幻灯片中的位置。调整占位符的位置可以使整个幻灯片的布局更加合理、样式更加美观。其具体操作步骤如下：

（1）单击需要调整位置的占位符。

（2）鼠标指针指向占位符边框上的任意一点（8 个控制点除外），鼠标指针将变成由两个黑色双箭头交叉成的“十”字。这时按住鼠标左键并拖动鼠标，占位符将在幻灯片中移动。

（3）将占位符移动到合适的位置后，释放鼠标即可。

2.2.2　在大纲视图中输入文本

在幻灯片普通视图的“大纲”选项卡中编辑文本时，该视图将只显示文档中的文本，并保留除色彩以外的其他所有文本属性。在“大纲”选项卡的图标右侧单击鼠标，就可以定位光标并输入文本了。此时输入的文本为标题文本，如果要输入其他级别的文本，其具体操作步骤如下：

（1）在幻灯片的图标右侧单击鼠标，输入标题文本，如“论文纲要”。然后按回车键创建一个新的幻灯片，如图 2.2.3 所示。

图 2.2.3　输入文本

（2）在“大纲”区域中单击鼠标右键，在弹出的快捷菜单中选择 降级(D) 命令，并定位在下一级文本的起始位置，接着输入“〈论文写作阶段〉”字样，如图 2.2.4 所示。

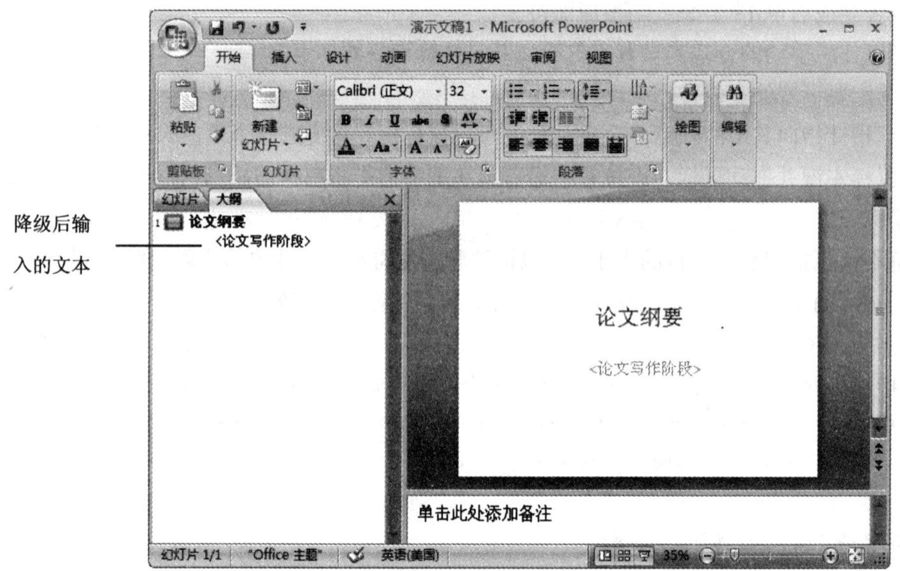

图 2.2.4　输入下级文本

（3）输入完毕，按回车键换行。在“大纲”区域中单击鼠标右键，在弹出的快捷菜单中选择 升级(P) 命令，将新的一行升级为下一张幻灯片。为新的幻灯片输入标题文本，如“标题”，如图 2.2.5 所示。

（4）重复以上操作，即可创建如图 2.2.6 所示的效果。

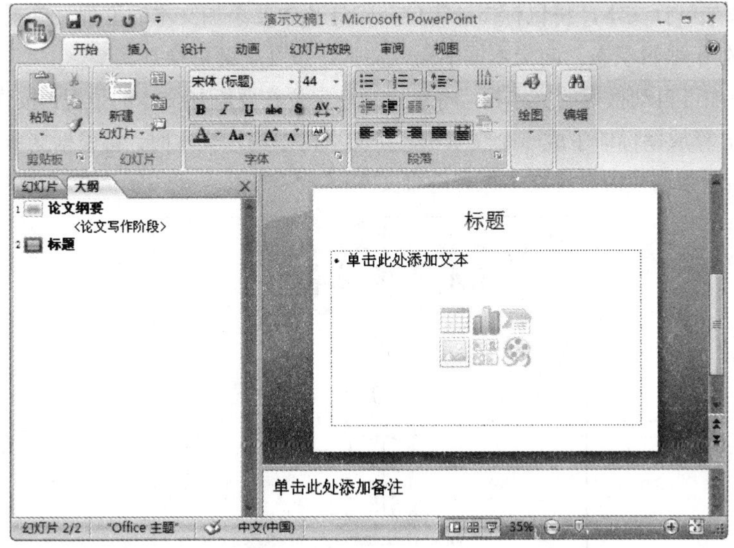

图 2.2.5 创建的新幻灯片

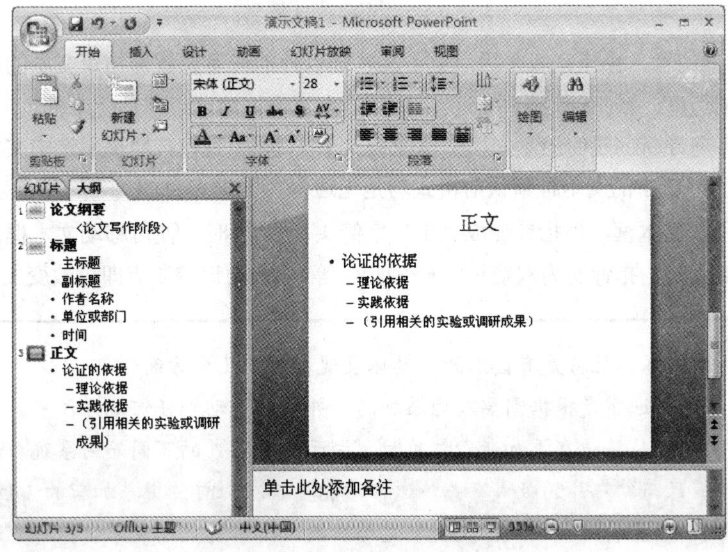

图 2.2.6 大纲视图中的文本效果

2.2.3 在文本框中输入文本

为了便于控制幻灯片的版面，幻灯片上的文字也可以放置在一个矩形框中，这个矩形框被称为文本框。对文本框中的文本可以进行字体、字号等多种风格的设置，也可以将其移向任意位置并调整它的大小。在文本框中添加文本的具体操作步骤如下：

（1）在“插入”选项卡中的“文本”选项区中单击 文本框 按钮，从弹出的下拉菜单中选择 横排文本框(H) 或 垂直文本框(V) 命令。

（2）执行下列操作之一：

1）若要添加单行文本，将鼠标指针定位在幻灯片中要添加文本的位置，单击鼠标，即生成一个文本框，并且处于编辑状态。向文本框中输入文本，按回车键可换行。

2）若要添加可自动换行的文本框，将鼠标指针定位在要添加文本的位置，按住鼠标左键不放，拖至需要的大小，释放鼠标即生成一个文本框。在文本框中输入文本时，将根据文本框的宽度自动换行。如图 2.2.7 所示为创建的横排文本框和垂直文本框。

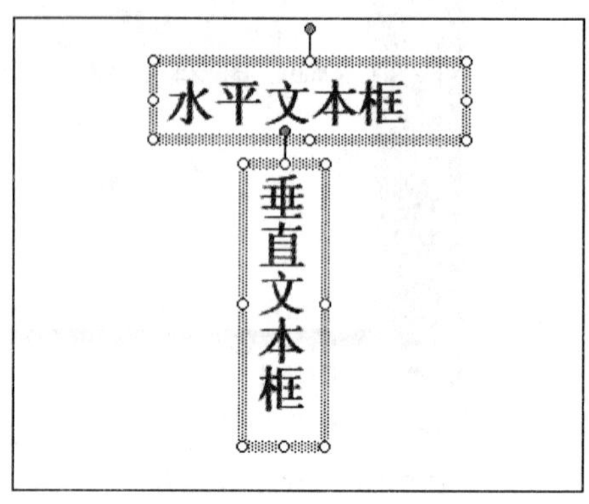

图 2.2.7　创建的文本框

（3）对文本框的输入操作完成之后，单击文本框以外的任意位置即结束文本的输入，并将鼠标指针指向文本框的边框，待指针变为形状，按住鼠标左键拖动可以移动文本框。

利用模板或者向导新创建的演示文稿中已经提供了文本框，直接按照提示选中文本框就可以输入文本。PowerPoint 2007 中的文本框默认的格式均是无边框，无填充色的。

将鼠标指针移至文本框，当指针变成“十”字箭头（✥）时，便可移动文本框；将鼠标指针置于文本框的控制点上时，指针变为双箭头（↔或↗等），拖动该控制点即可改变文本框的大小。

文本框和文本占位符是有区别的，具体表现在以下几个方面：

（1）文本框通常是根据需要人为添加的，并可以拖动到任何地方放置。

（2）文本占位符是在添加新幻灯片时，由于选择版式的不同而由系统自动添加的，其数量和位置只与幻灯片的版式有关，通常不能直接在幻灯片中添加新的占位符。

（3）文本框里的内容在大纲视图中是无法显示出来的，而文本占位符中的内容则可显示出来。

2.3　编辑文本

在演示文稿中输入完文本后，需要对其进行编辑。下面将对文本的编辑操作进行简单介绍。

2.3.1　选择文本

在对文本进行编辑之前，首先要选择文本，然后才能对选取的文本进行格式设置等操作。选取文本主要有以下 3 种情况：

（1）使用鼠标连续 3 次单击要选取段落中的任何位置，就可以选取该段落及其所有附属文本。

（2）如果要选取单词，直接双击即可。

（3）将插入点置于占位符中，再按“Ctrl+A”快捷键，即可选取该占位符中的所有文本。

2.3.2　设置文本格式

设置文本格式，其具体操作步骤如下：

（1）在文本框中输入文本，并选中输入的文本内容，如图 2.3.1 所示。

（2）在“开始”选项区中的“字体”选项卡中单击“对话框启动器”按钮，弹出“字体”对话框，如图 2.3.2 所示。

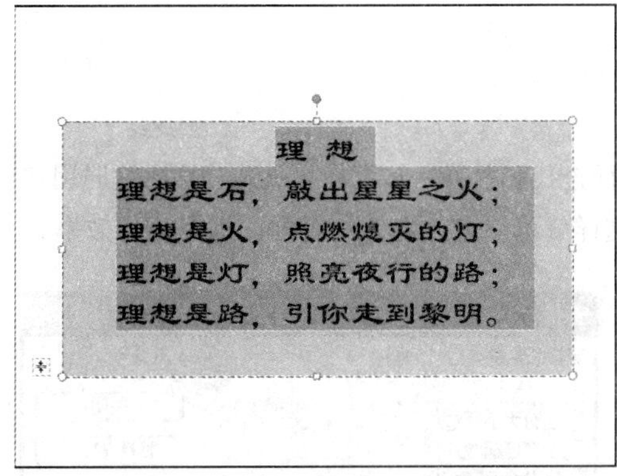

图 2.3.1　选中文本

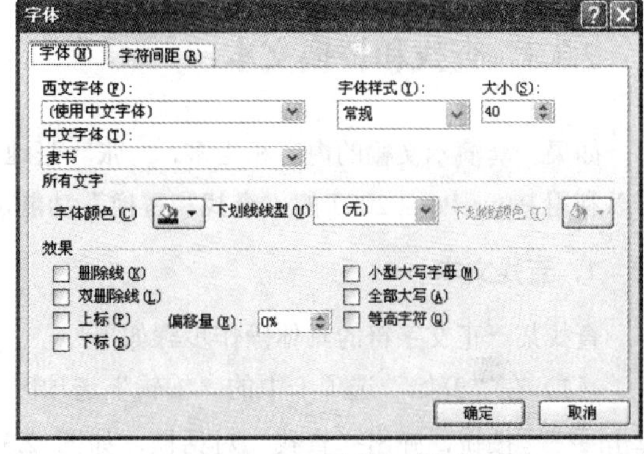

图 2.3.2　“字体”对话框

（3）在“中文字体”下拉列表中选择字体为“华文行楷”；在“大小”微调框中设置字号为“50”；单击“字体颜色”右侧的按钮，在弹出的下拉菜单中选择 其他颜色(M)... 命令，在弹出的“颜色”对话框中的 标准 选项卡中选择一种颜色，如图 2.3.3 所示。

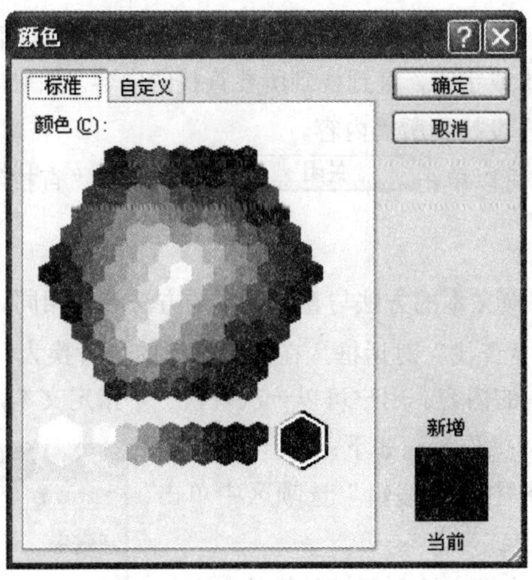

图 2.3.3　“标准”选项卡

（4）单击 确定 按钮，返回到“字体”对话框中，再单击 确定 按钮，文本框中的字体效果如图 2.3.4 所示。

（5）选中文本框中的标题，按照步骤（2）～（4）的方法设置标题格式，效果如图 2.3.5 所示。

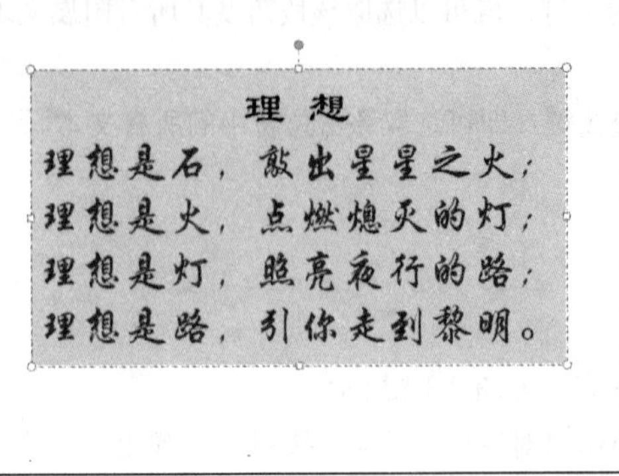

图 2.3.4 设置字体效果

理 想
理想是石，敲出星星之火；
理想是火，点燃熄灭的灯；
理想是灯，照亮夜行的路；
理想是路，引你走到黎明。

图 2.3.5 设置标题格式

2.3.3 查找和替换文本

如果一套演示文稿的内容相当多，一张一张地进行查找和替换，其工作量就相当大。这时用户就可以利用 PowerPoint 2007 的“查找和替换”功能，这样就可以大大地节约时间，提高工作效率。

1．查找文本

查找某一正文字符的具体操作步骤如下：

（1）在“开始”选项卡中的“编辑”选项区中单击 查找 按钮，弹出“查找”对话框，如图 2.3.6 所示。

图 2.3.6 “查找”对话框

（2）在“查找内容”文本框中输入所要查找的文本或字符。单击 查找下一个(F) 按钮则开始查找，若查找符合查找条件的文本或字符，则在幻灯片中以反白方式显示该文本或字符。

（3）在编辑完文本或字符后，用户可以根据需要关闭“查找”对话框，或者单击 查找下一个(F) 按钮继续搜索符合条件的文本或字符，直到找到所要查找的内容。如果未找到要查找的内容，则屏幕上会出现一段信息，提示用户没找到所需内容。

（4）搜索工作结束后，可以单击 关闭 按钮，关闭“查找”对话框。

2．替换文本

在 PowerPoint 2007 中替换文本的方法与查找文本的方法基本相同。可以在“查找”对话框中单击 替换(R)... 按钮，弹出“查找”对话框，在该对话框的“替换为”文本框中输入的文本或字符将替换“查找内容”文本框中的内容。用户可以一次替换一个指定文本，或者一次替换文件中所有被替换的文本。替换文本的具体操作步骤如下：

（1）在“开始”选项卡中的“编辑”选项区中单击 替换 ，弹出“替换”对话框。

（2）在“查找内容”文本框中输入要被替换的内容，必要的时候可以选中 ☑区分大小写(C)、☑全字匹配(W) 和 ☑区分全/半角(M) 复选框，如图 2.3.7 所示。

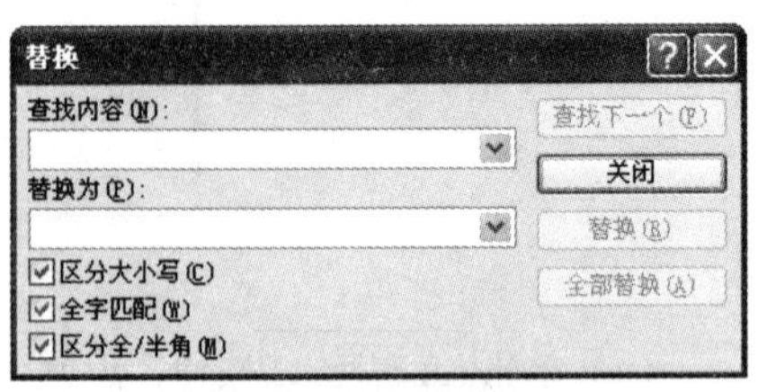

图 2.3.7 “替换”对话框

（3）如果用户希望对每一次的替换都进行确认，单击

查找下一个(F)按钮，当 PowePoint 2007 找到指定的文本时，用户可以在核对后再单击替换(R)按钮进行替换，或者不替换该文本而直接单击查找下一个(F)按钮继续搜索。如果用户确认替换文件中所有的指定文本，不需要逐一确认，这时可以单击全部替换(A)按钮一次替换文件中所有的指定文本。

（4）在替换操作完成后，单击关闭按钮即可。

注意 单击全部替换(A)按钮在某种程度上来说可以节省时间，但是比较危险。在使用这一操作前，用户必须核对所需替换的内容无误。如果在替换操作以后，发现这是一次错误的操作，用户可以按“Ctrl+Z”快捷键取消“全部替换”操作。

2.3.4　符号的使用

在编辑幻灯片的过程中，有时为了突出主题，必须在文本前或文本中间插入特殊符号或字符，而这些符号或字符又不能通过硬键盘直接输入，必须通过命令或者软键盘来输入，下面主要介绍如何在文本中插入特殊符号与字符。

1. 插入特殊符号

在幻灯片中插入特殊符号，其具体操作方法如下：

（1）用鼠标选中需要插入特殊符号的位置。

（2）在“开始”选项卡中的“编辑”选项区中单击符号按钮，在弹出的下拉列表框中选择更多...选项，弹出“插入特殊符号”对话框，如图 2.3.8 所示。

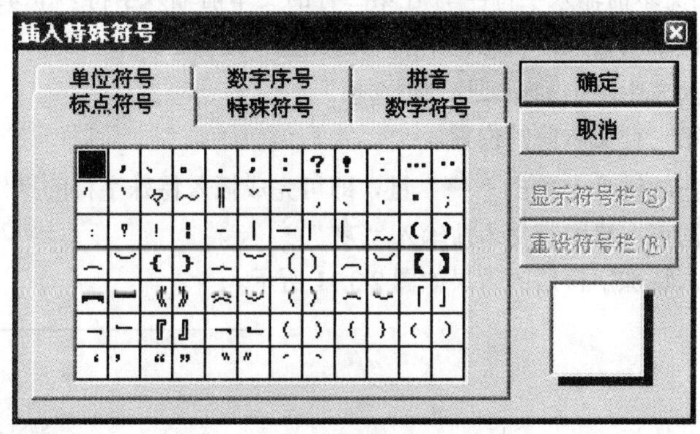

图 2.3.8　“插入特殊符号”对话框

（3）在标点符号、数字序号、特殊符号等选项卡中查找需要插入的特殊符号，单击确定按钮即可。

（4）如果有的特殊符号要经常用到，也可以将其添加到符号栏中，选择需要添加的符号，单击显示符号栏(S)按钮，将打开符号栏，如图 2.3.9 所示。

（5）在打开的符号栏中选中要插入的位置，符号栏中原来的符号将会被现在选中的符号替换掉。

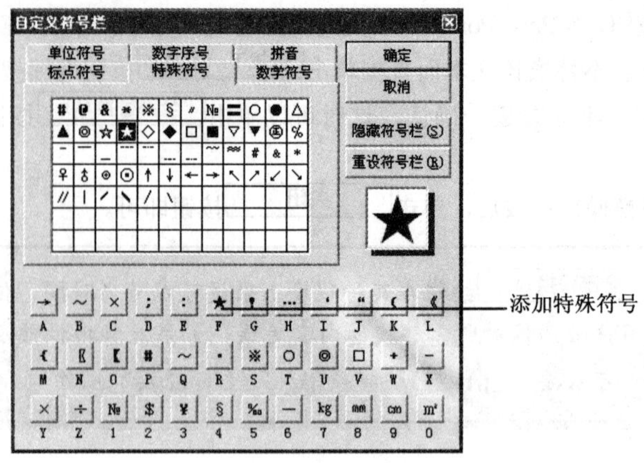

图 2.3.9 “自定义符号栏”对话框

2. 插入特殊字符

Windows 98 及以上中文版除了提供中英文输入以外，还提供了多种用来输入特殊符号的“软键盘”，通过“软键盘”，用户就可以进行包括希腊字母、俄文字母、注音符号、拼音、日文和制表符的输入。

要激活“软键盘”，可以在输入法状态栏中单击“软键盘”按钮，这时在屏幕上弹出一个软键盘。如果用鼠标右键单击“软键盘”按钮，将弹出“软键盘”名列表，选择所需要的“软键盘”，如图 2.3.10 所示。

激活“软键盘”后，从键盘上输入的符号将转换为软键盘上对应符号，也可以用鼠标直接单击软键盘上的按钮来输入对应的字符。

比如要在第一行的文本前输入字符▲，在第二行的文本前输入字符★，具体操作步骤如下：

（1）使用鼠标右键单击输入法状态栏中的“软键盘”按钮。

（2）在软键盘名列表中单击 特殊符号 选项。

（3）用鼠标单击第一行文本前的位置。

（4）用鼠标直接在软键盘上单击“▲”键，即可完成插入特殊字符的操作。

（5）用同样的方法可在第二行文本前输入“★”。

（6）在文本中输入特殊字符后的效果如图 2.3.11 所示。

图 2.3.10 键盘名列表和软键盘

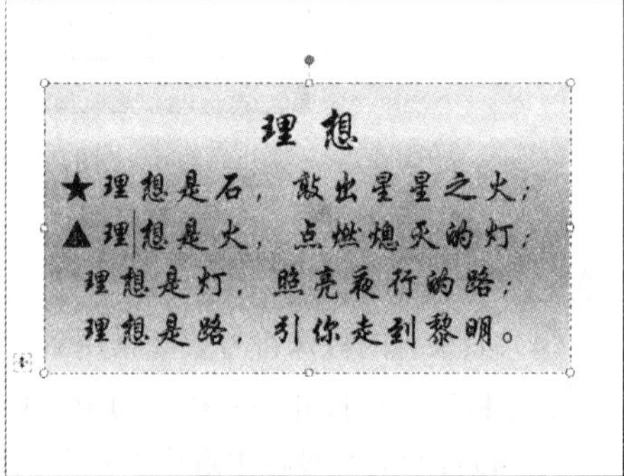

图 2.3.11 输入特殊字符效果图

2.3.5　项目符号的使用

项目符号和编号一般用在设置层次小标题的开始位置，它的作用是突出显示这些层次小标题，可以使幻灯片更加有条理，易于阅读。

添加项目符号和编号，其具体操作步骤如下：

（1）选取要添加项目符号或编号的段落，使其反白显示。

（2）在“开始”选项卡中的“段落”选项区中单击“项目符号”按钮，弹出其下拉列表框，如图 2.3.12 所示。

（3）在该列表框中选择所需的项目符号，即可在选定的段落区域添加上项目符号。

（4）在该下拉列表框中选择 项目符号和编号(N)... 选项，弹出“项目符号和编号”对话框，如图 2.3.13 所示。

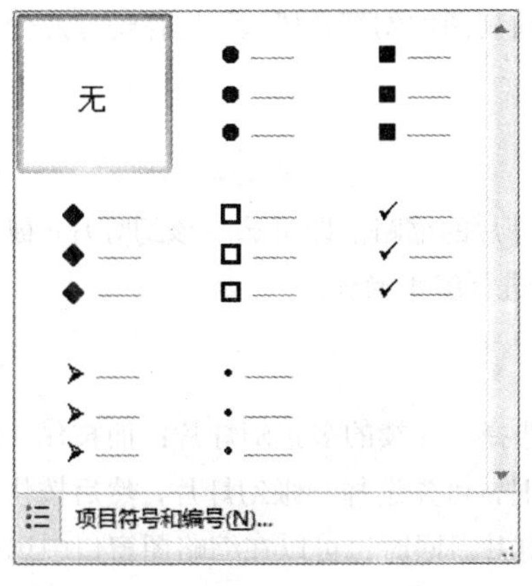

图 2.3.12　“项目符号”下拉列表框

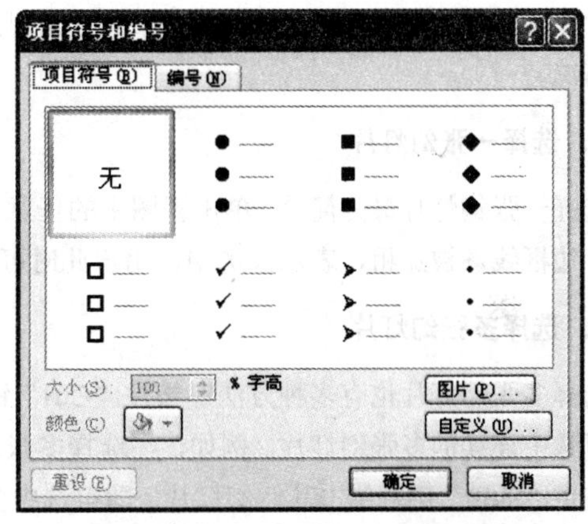

图 2.3.13　“项目符号和编号”对话框

（5）单击 编号(N) 标签，打开“编号”选项卡，用户可在该选项卡中选择要使用的编号，如图 2.3.14 所示。

（6）在“项目符号”选项卡中单击 图片(P)... 按钮，弹出“图片项目符号”对话框，用户可以从中选择所需的图片作为项目符号，如图 2.3.15 所示。

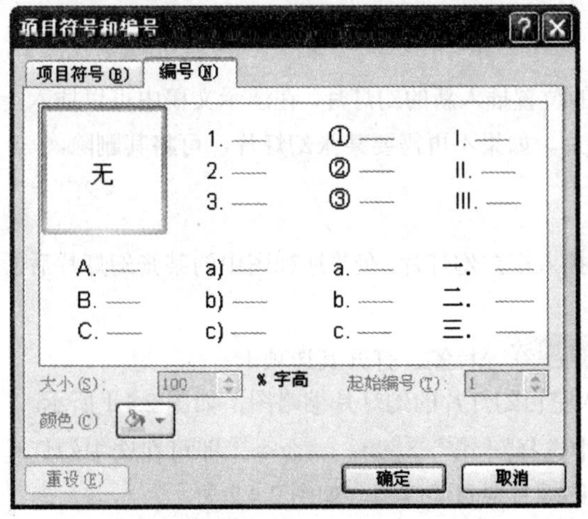

图 2.3.14　“编号”选项卡

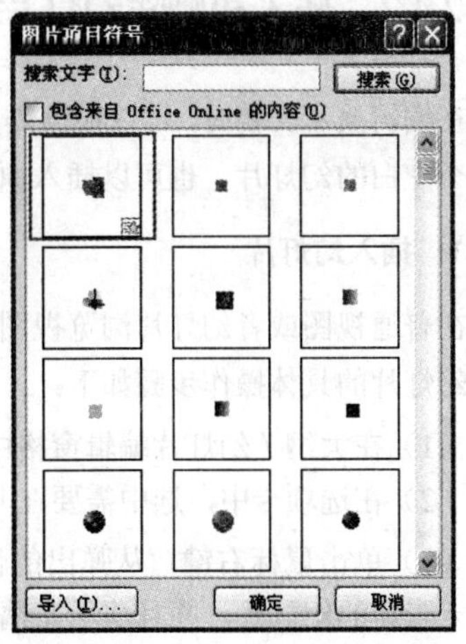

图 2.3.15　“图片项目符号”对话框

（7）在该对话框中选择所需的选项，单击 确定 按钮，即可将选中的图片作为项目符号。

2.4 编辑幻灯片

一套演示文稿中包含多张幻灯片，需要对其进行有效地编排。例如，要向演示文稿中添加新的说明内容，需要插入幻灯片；一些幻灯片可能需要从演示文稿中删除；有时候还需要复制幻灯片、调整幻灯片的顺序等。本节主要介绍如何对幻灯片进行编辑操作，以得到满意的演示文稿。

2.4.1 选中幻灯片

在普通视图的幻灯片模式或幻灯片浏览视图中选择和管理幻灯片比较方便。下面就以普通视图的幻灯片模式为例，介绍选择幻灯片的方法。首先切换到普通视图的幻灯片模式，选择幻灯片分为以下两种情况。

1．选择一张幻灯片

选择一张幻灯片最为简单，单击视图中的任意一张幻灯片的缩略图即可选中该幻灯片。被选中的幻灯片边框线条被加粗，表示被选中，用户此时可以对其进行编辑操作。

2．选择多张幻灯片

选择多张幻灯片也有多种方法：按住“Ctrl”键可以选择不连续的多张幻灯片；而按住“Shift”键即可选中连续的多张幻灯片。例如，在选择多张幻灯片时，可先选择一张幻灯片，然后按住“Ctrl”键或按住“Shift”键，单击其他幻灯片，即可选中多张幻灯片。同时也可以在缩略图窗口中选中一张幻灯片，按住“Shift”键，然后按键盘上的“↑”“↓”键，即可选中连续的多张幻灯片。也可以在缩略图中选中一张幻灯片，按住“Shift”键，再单击另一张幻灯片之间的空白区域，该区域的中央出现一条闪烁的分隔线，按住“Shift”键，再选中另一张幻灯片，即可选中分隔线和另一张幻灯片之间的所有幻灯片。

2.4.2 插入和删除幻灯片

在编辑演示文稿时，可以根据需要在相应的位置插入新的幻灯片。在演示文稿中可以插入一个或者几个空白的幻灯片，也可以插入原有的幻灯片。如果不再需要某张幻灯片，可将其删除。

1．插入幻灯片

在普通视图或者幻灯片浏览视图中均可以插入空白幻灯片。在普通视图中的某张幻灯片后面插入空白幻灯片的具体操作步骤如下：

（1）在大纲 / 幻灯片编辑窗格中，单击 幻灯片 标签，打开其选项卡。

（2）在选项卡中，选中需要在其后面插入空白幻灯片的幻灯片缩略图，如图 2.4.1 所示。

（3）单击鼠标右键，从弹出的快捷菜单中选择 新建幻灯片(N) 命令，即可在选中幻灯片之后插入一张新的幻灯片，并且演示文稿中幻灯片的编号会自动改变，如图 2.4.2 所示。

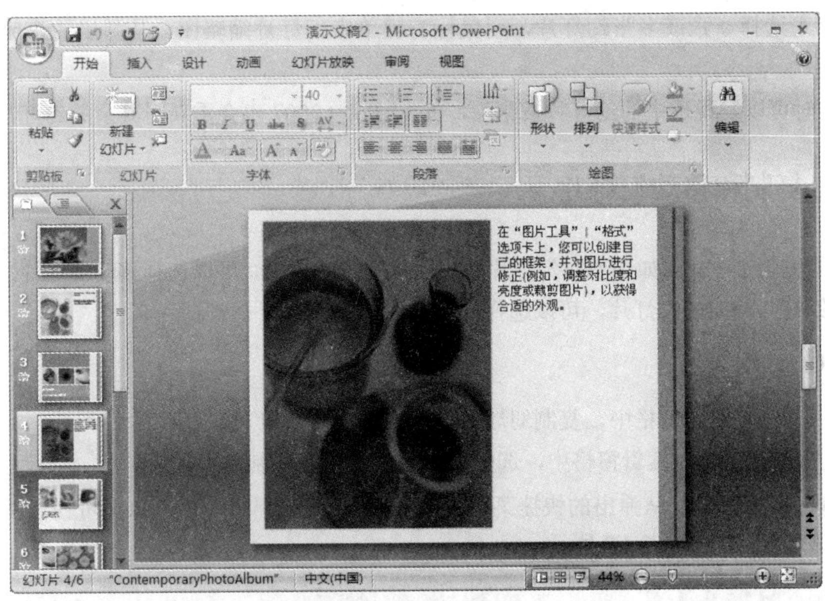

图 2.4.1　选中幻灯片缩略图

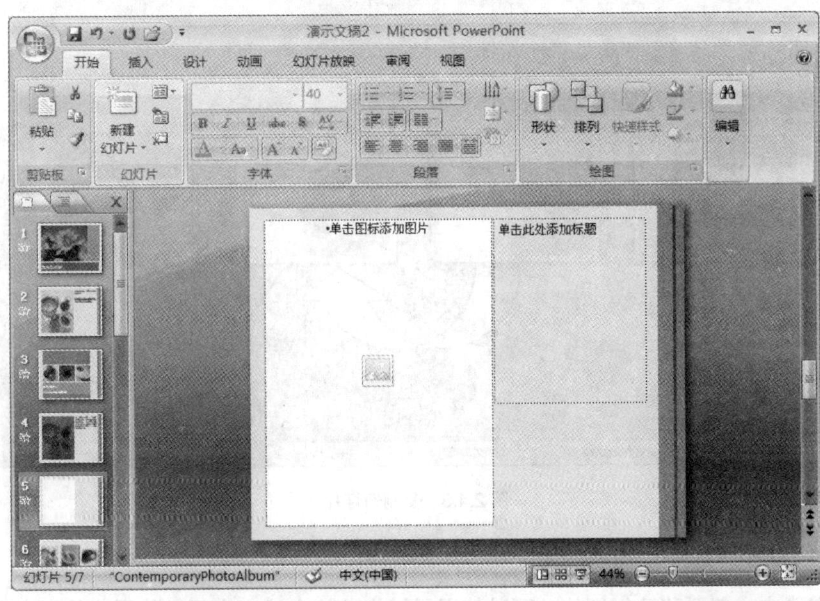

图 2.4.2　插入新幻灯片

如果要在幻灯片浏览视图中插入空白幻灯片，可以单击任意两张幻灯片之间的空白区域，此时在该区域中将出现一个竖条分隔线，单击鼠标右键，从弹出的快捷菜单中选择 新建幻灯片(N) 命令即可。

提示 在大纲／幻灯片编辑窗格中，选中要在其后插入新幻灯片的幻灯片，然后按回车键，即可插入一张新的幻灯片。

2．删除幻灯片

如果用户在编辑过程中，发现有些幻灯片不需要，就可以选择删除这些幻灯片。删除幻灯片的具体操作步骤如下：

（1）首先选择一张或多张幻灯片，用鼠标右键单击幻灯片缩略图，从弹出的快捷菜单中选择 删除幻灯片(D) 命令。

（2）这时可以发现选中的幻灯片被删除，PowerPoint 2007 也会重新对其余的幻灯片进行编号。

2.4.3　复制和移动幻灯片

在最后的编辑过程中，如果想对幻灯片的排列次序进行更换，可以选择移动幻灯片，如果要制作一张与当前幻灯片相同的幻灯片，可以选择复制幻灯片。

1. 复制幻灯片

在大纲 / 幻灯片编辑窗格中，复制幻灯片的具体操作步骤如下：

（1）在大纲 / 幻灯片编辑窗格中，选中一张或多张需要复制的幻灯片。

（2）单击鼠标右键，从弹出的快捷菜单中选择 复制幻灯片(A) 命令，即可在当前选中的幻灯片之后复制该幻灯片，如图 2.4.3 所示。

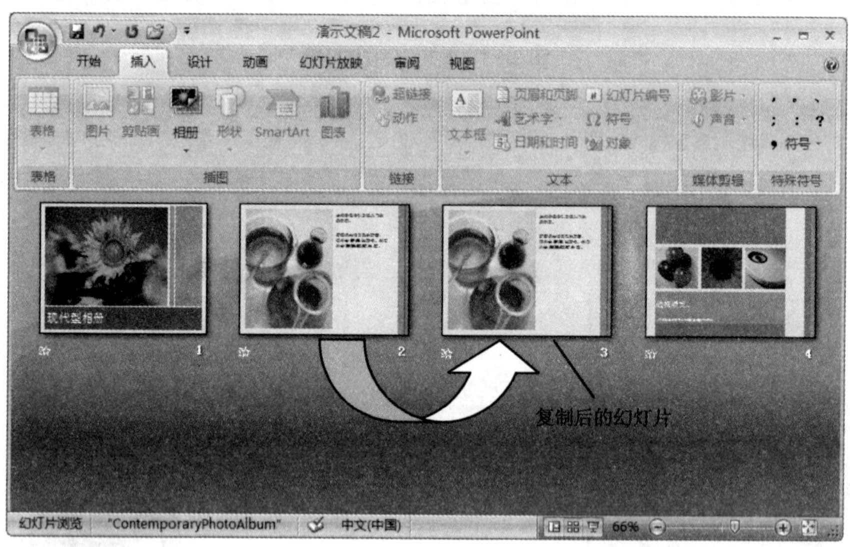

图 2.4.3　复制幻灯片

2. 移动幻灯片

在演示文稿中，若要移动幻灯片，可以使用鼠标拖动的方法，也可以使用菜单命令来操作。

（1）鼠标拖动法：使用鼠标拖动法移动幻灯片，首先要在大纲 / 幻灯片编辑窗格中，选择一个或多个需要移动的幻灯片，然后按住鼠标左键拖至合适的位置，松开鼠标即可。

（2）菜单命令法：使用菜单命令法移动幻灯片的位置，同样需要在大纲 / 幻灯片编辑窗格中，选择一个或多个需要移动的幻灯片，单击鼠标右键，从弹出的快捷菜单中选择 剪切(T) 命令，将幻灯片复制到剪贴板中。

（3）将光标置于要放置幻灯片的位置，单击鼠标右键，从弹出的快捷菜单中选择 粘贴(P) 命令来粘贴幻灯片，即可完成幻灯片的复制或者移动。

2.5　典型实例——制作诗集

本节主要介绍在 PowerPoint 2007 中，在幻灯片中插入文本框和图片制作诗集，最终效果如图 2.5.1 所示。

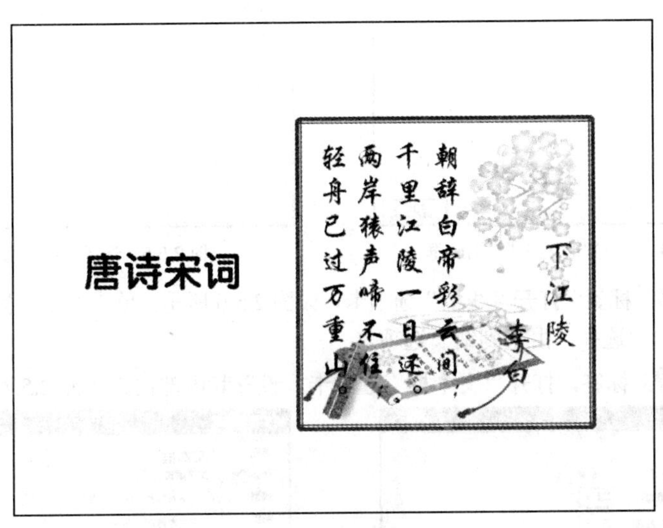

图 2.5.1　效果图

创作步骤

（1）启动 PowerPoint 2007 应用程序，创建一个空白幻灯片。

（2）在幻灯片的占位符中输入文本，效果如图 2.5.2 所示。

（3）单击“绘图”工具栏中的“竖排文本框”按钮，拖动鼠标在幻灯片中绘制一个竖排文本框，然后在文本框中输入内容，如图 2.5.3 所示。

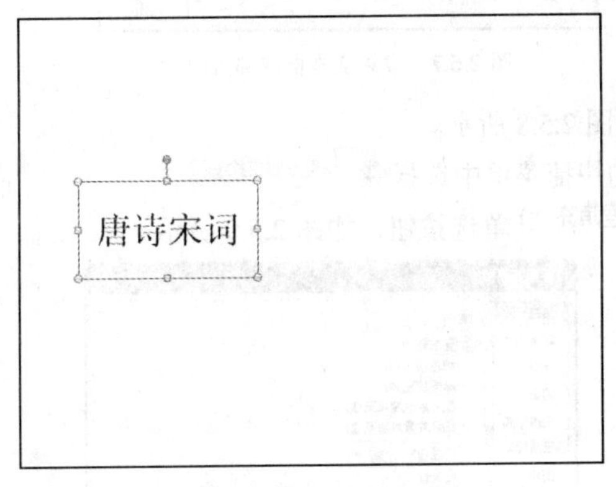

图 2.5.2　在占位符中输入文本

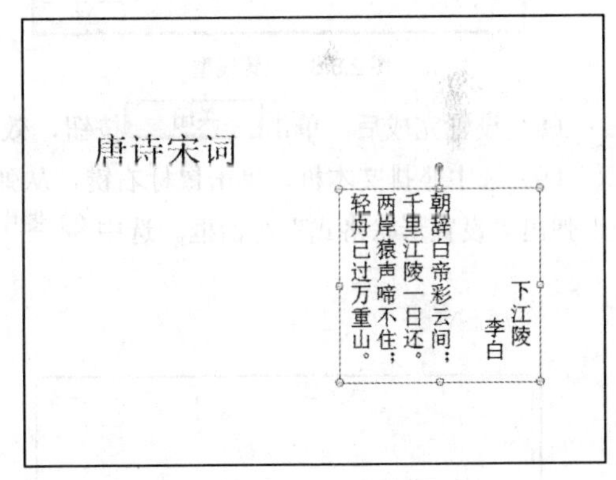

图 2.5.3　在文本框中输入文本

（4）选中竖排文本框，单击鼠标右键，从弹出的快捷菜单中选择 设置形状格式(O)... 命令，弹出“设置形状格式”对话框，如图 2.5.4 所示。

（5）单击 线条颜色 标签，打开“线条颜色”选项卡，选中 ◉ 实线(S) 单选按钮，单击颜色右侧的按钮，从弹出的颜色列表框中选择橙色，如图 2.5.5 所示。

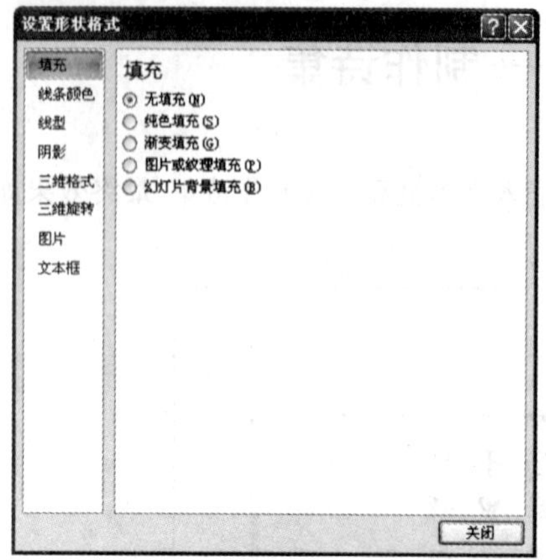

图 2.5.4 “设置形状格式”对话框

图 2.5.5 选择线条颜色

（6）单击标签，打开“线型”选项卡，如图 2.5.6 所示。单击“复合类型”右侧的按钮，在弹出的列表框中选择“由粗到细”选项。

（7）单击文本框标签，打开“文本框”选项卡，设置其内部边距如图 2.5.7 所示。

图 2.5.6 设置线型

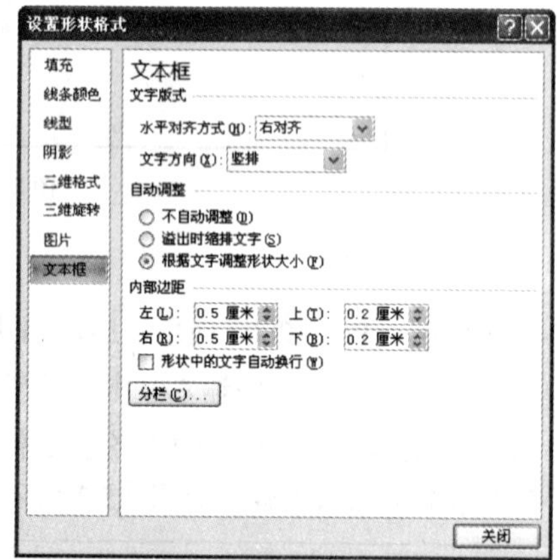

图 2.5.7 设置文本框内部边距

（8）设置完成后，单击关闭按钮，效果如图 2.5.8 所示。

（9）选中竖排文本框，单击鼠标右键，从弹出的快捷菜单中选择设置形状格式(O)...命令，弹出“设置形状格式”对话框。选中 ⊙ 图片或纹理填充(P) 单选按钮，如图 2.5.9 所示。

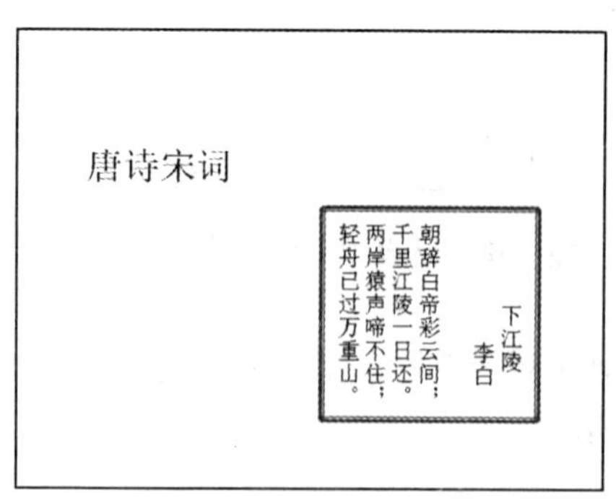

图 2.5.8 设置文本框边框

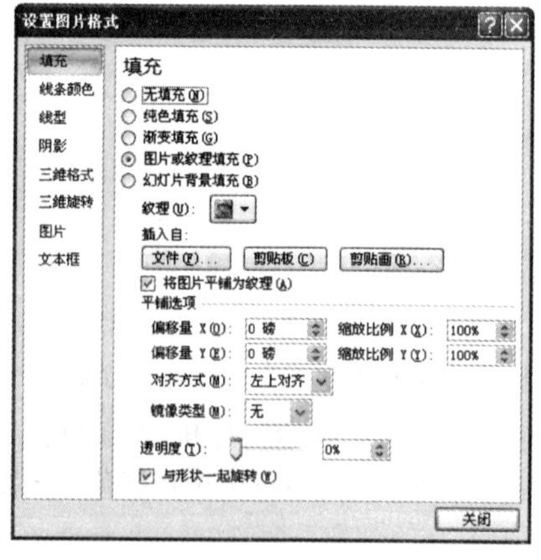

图 2.5.9 选中“图片或纹理填充”单选按钮

（10）单击 文件(F)... 按钮，弹出“插入图片”对话框。在该对话框中选择所需的图片，单击 插入(S) 按钮，为文本框添加图片后效果如图 2.5.10 所示。

（11）选中竖排文本框中的诗句，单击鼠标右键，从弹出的快捷菜单中选择 A 字体(F)... 命令，弹出“字体”对话框，在其中设置如图 2.5.11 所示的参数。

图 2.5.10 设置文本框背景

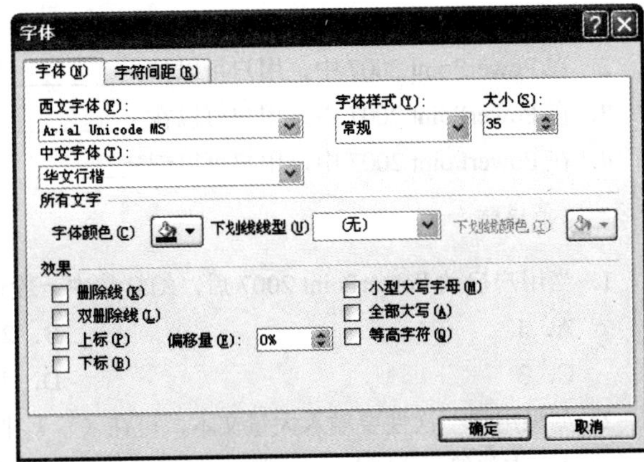

图 2.5.11 设置参数

（12）设置完成后单击 确定 按钮，此时文本框中字体效果如图 2.5.12 所示。

（13）按照步骤（11），（12）的方法设置文本框中标题和作者的字体格式，以及占位符中的字体格式，如图 2.5.13 所示。

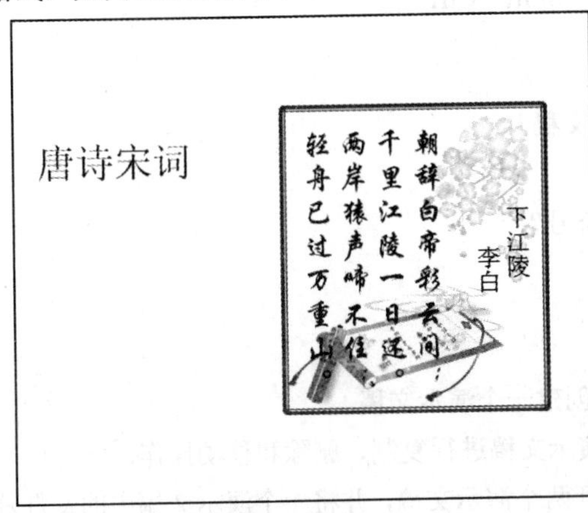

图 2.5.12 设置字体效果

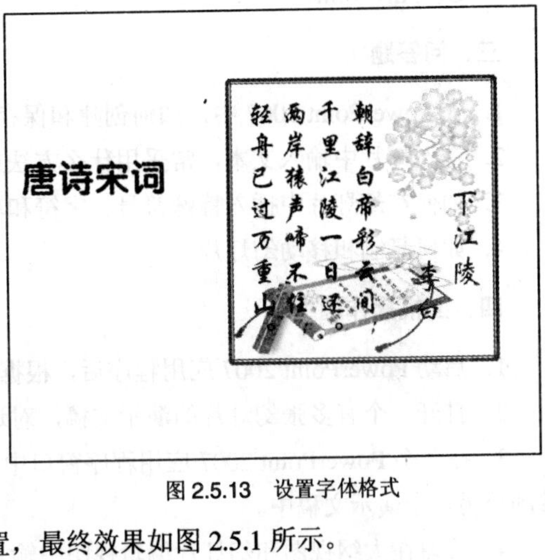

图 2.5.13 设置字体格式

（14）设置完成后，调整文本框及占位符的位置，最终效果如图 2.5.1 所示。

小 结

本章主要介绍了演示文稿的创建、文本的输入、编辑以及幻灯片的编辑等内容。通过本章的学习，读者应学会创建演示文稿，在演示文稿中输入文本并编辑，对幻灯片进行插入、删除、复制和移动等编辑操作。

过关练习二

一、填空题

1．创建新演示文稿的快捷键是__________。

2．在 PowerPoint 2007 中，用户可以按__________快捷键和__________快捷键关闭演示文稿。

3．在 PowerPoint 2007 中，用户可以在__________、__________和文本框中输入文本。

4．在 PowerPoint 2007 中，用户可以创建__________和__________两种类型的文本框。

二、选择题

1．当用户启动 PowerPoint 2007 后，幻灯片中一般包含（　）个占位符。

A．1　　B．2

C．3　　D．4

2．如果用户一次性要输入大量文本，可在（　）中进行。

A．占位符　　B．文本框

C．大纲窗格　　D．幻灯片窗格

3．按住（　）键可以选择不连续的多张幻灯片，按住（　）键可选中连续的多张幻灯片。

A．Ctrl，Ctrl+Shift　　B．Ctrl，Shift

C．Alt，Shift　　D．Shift，Ctrl

三、问答题

1．在 PowerPoint 2007 中，如何创建和保存演示文稿？

2．在幻灯片中输入文本，常采用什么方法进行？

3．如何在幻灯片中插入特殊符号、字符和项目符号？

4．如何复制和移动幻灯片？

四、上机操作题

1．启动 PowerPoint 2007 应用程序后，根据模板创建一个演示文稿。

2．打开一个有多张幻灯片的演示文稿，对这些演示文稿进行复制、删除和移动操作。

3．在一个 PowerPoint 2007 应用程序窗口中，打开两个演示文稿，并将一个演示文稿中的幻灯片移动至另一个演示文稿中。

4．练习在大纲视图和幻灯片编辑视图中输入幻灯片的标题。

第 3 章　图形对象的插入与编辑

演示文稿一般都是面向大众的，大家在观看演示文稿的过程中，如果只是成篇的文字，那么会显得很枯燥。为了增强幻灯片的吸引力，在制作幻灯片的过程中可以适当地插入一些精美的图片，也可以绘制一些自选图形，并将这些图形和文字以一定的方式排列在同一个幻灯片中，这样就可以使得幻灯片更加生动。本章将逐个介绍常用的图形对象以及对它们的编辑和修改。

本章重点

（1）插入与编辑图形文件。

（2）插入剪贴画。

（3）插入与编辑形状。

（4）插入与编辑 SmartArt 图形。

（5）插入与编辑艺术字。

（6）表格和图表。

3.1　插入与编辑图形文件

在制作幻灯片过程中，往往要插入各种各样的图片，如果只插入剪贴画和自选图形中的图片，那么制作出来的幻灯片可能达不到理想的效果，这时就可以插入其他的图片。

3.1.1　插入图形文件

在幻灯片中插入图形文件的具体操作步骤如下：

（1）打开要插入图片的幻灯片。

（2）在“插入”选项卡中的“插图”选项区中单击图片按钮，弹出“插入图片”对话框，如图 3.1.1 所示。

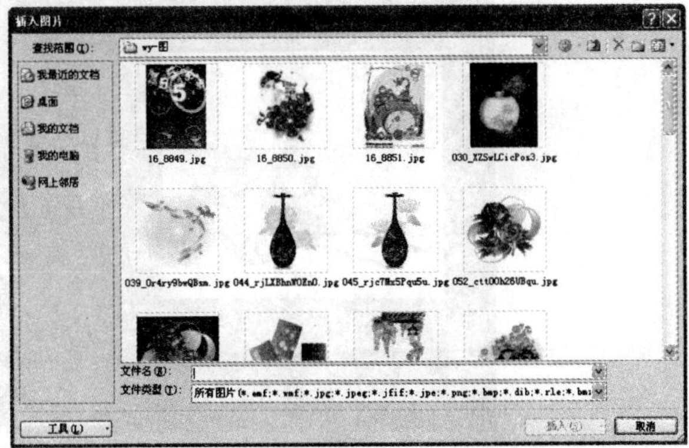

图 3.1.1　“插入图片”对话框

（3）在该对话框中选择要使用的图片，单击插入(S)按钮即可，效果如图 3.1.2 所示。

图 3.1.2　插入的图片

3.1.2　编辑图形文件

图片被插入到幻灯片中后，用户不仅可以精确地调整它的位置和大小，还可以旋转图片、裁剪图片、添加图片边框及压缩图片等。

1. 调整图片

如果用户要对图片的亮度、对比度等进行调整，可按照以下操作步骤进行：

（1）选中图片，在“图片工具”上下文工具栏中单击“格式”标签，打开“格式”选项卡，如图 3.1.3 所示。

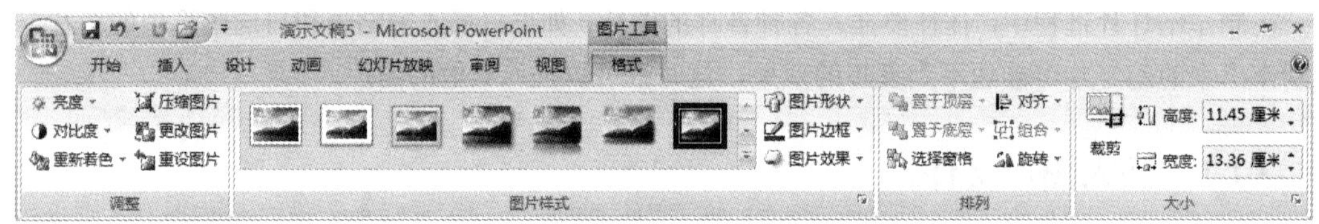

图 3.1.3　“格式”选项卡

（2）单击亮度按钮，弹出其下拉列表，如图 3.1.4 所示。百分比越大，意味着图片的亮度值增加；百分比越小，意味着图片的亮度值减小，如图 3.1.5 所示。

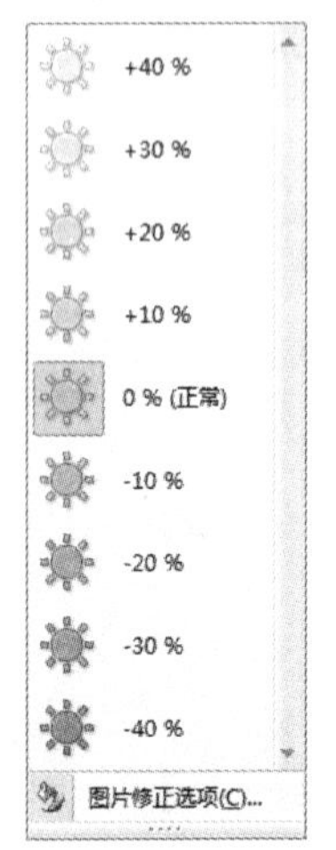

图 3.1.4　“亮度”下拉列表

图 3.1.5　亮度值分别为正和负时的效果

（3）选中图片，在“调整”选项区中单击 对比度 按钮，弹出其下拉列表，如图 3.1.6 所示。百分比越大，意味着图片的对比度增加；百分比越小，意味着图片的对比度减小。

（4）在该列表中选择合适的选项，效果如图 3.1.7 所示。

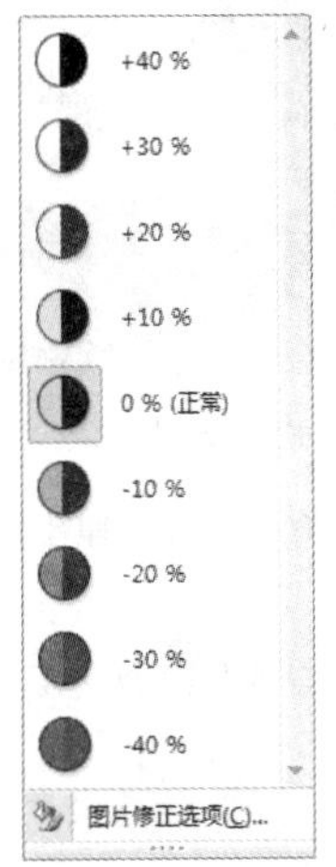

图 3.1.6　对比度下拉列表

图 3.1.7　对比度分别为正值和负值时的效果

（5）选中图片，在“调整”选项区中单击 重新着色 按钮，弹出其下拉列表，如图 3.1.8 所示。

（6）在该列表中选择合适的选项，可为图片重新着色，效果如图 3.1.9 所示。

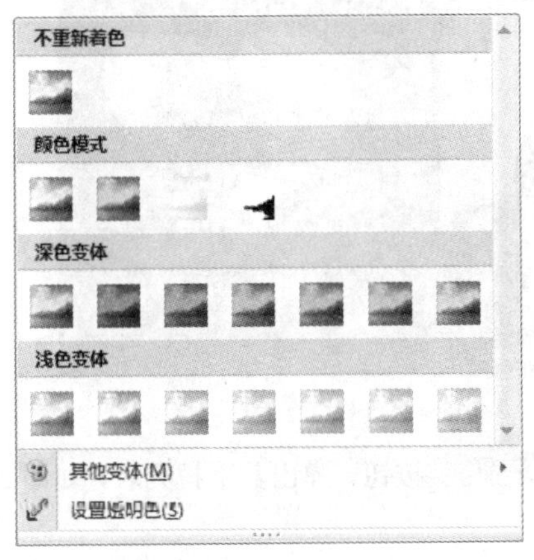

图 3.1.8　重新着色下拉列表

图 3.1.9　选择不同着色模式时的效果

（7）如果用户要将选中图片变成另外一幅图片，可在选中图片中单击 更改图片 按钮，即弹出“插入图片”对话框。用户可在该对话框中选择其他图片并将其插入到幻灯片中。

（8）如果要将图片恢复到原始大小，可在选中图片后单击 重设图片 按钮，即可将图片重设为原始大小。

2．更改样式

如果要对图片设置不同的样式，可按照以下操作步骤进行：

（1）选中要插入到幻灯片中的图片。

（2）用户既可以直接在“图片样式”选项区中选择系统预置的样式，也可以单击其右侧的下拉按钮，弹出样式下拉列表，如图 3.1.10 所示。

（3）在该列表框中选择合适的样式，即可将其应用到所选图片中，如图 3.1.11 所示。

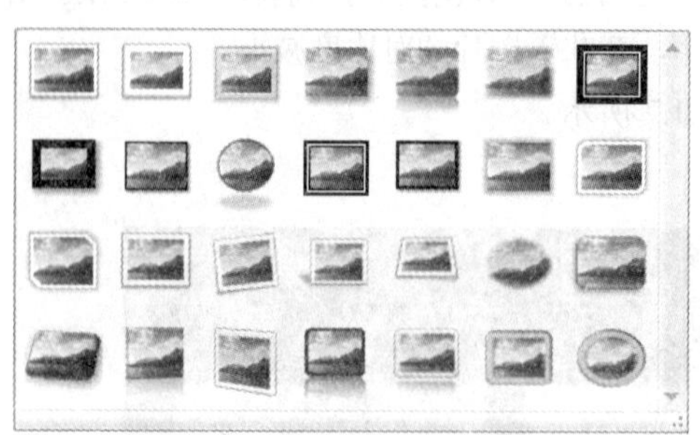

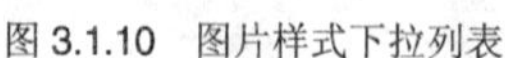

图 3.1.10　图片样式下拉列表

图 3.1.11　应用样式后的效果

（4）如果用户要对应用样式后图片的形状进行修改，可单击图片形状按钮，弹出其下拉列表，如图 3.1.12 所示。

（5）在该列表中选择合适的形状，即可将其应用到所选图片上，如图 3.1.12 所示。

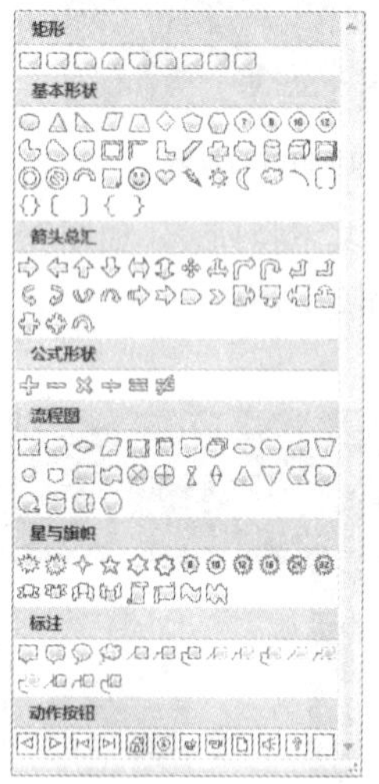

图 3.1.12　图片形状下拉列表

图 3.1.13　更改图片的形状

（6）如果用户要对图片的边框进行修改，可单击图片边框按钮，弹出其下拉列表，如图 3.1.14 所示。

（7）在该列表框中选择合适的颜色，即可更改图片的边框颜色，效果如图 3.1.15 所示。

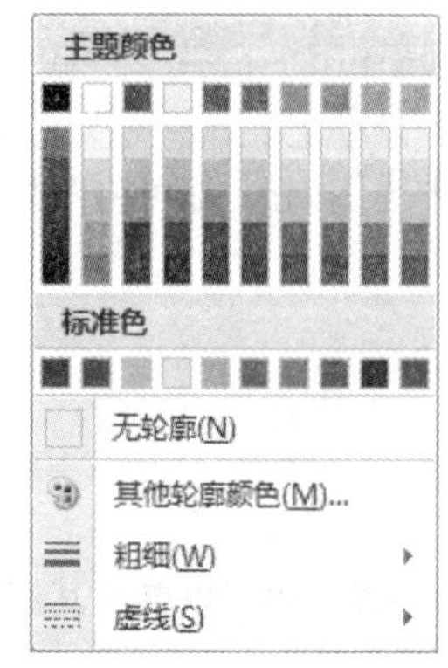

图 3.1.14　图片边框下拉列表

图 3.1.15　更改边框颜色后的效果

（8）如果要对图片的效果重新进行设置，可单击图片效果按钮，弹出其下拉列表，如图 3.1.16 所示。

（9）在该列表中选择合适的效果，即可将其应用到所选图片上，效果如图 3.1.17 所示。

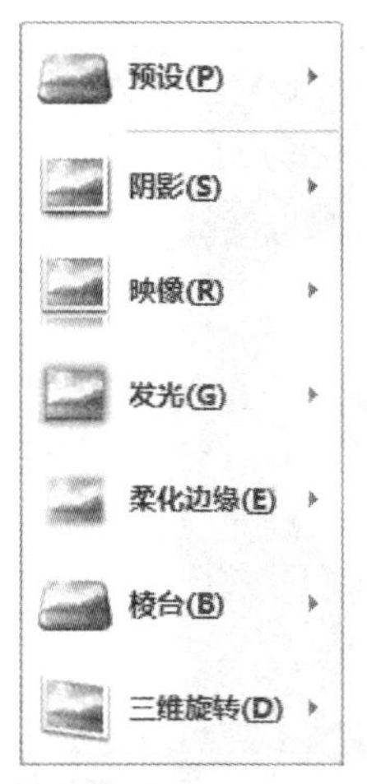

图 3.1.16　图片效果下拉列表

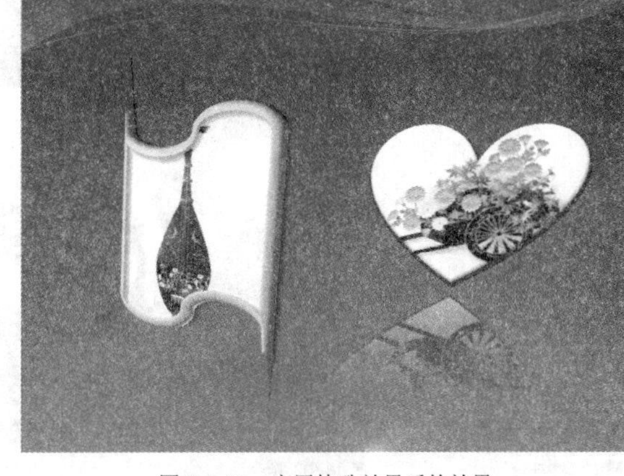

图 3.1.17　应用特殊效果后的效果

3．排列图片

如果某张幻灯片上包含有多张图片对象，用户可根据需要，对图片的排列顺序以及对齐方式进行调整，具体操作步骤如下：

（1）选中幻灯片中的某张图片，单击“图片工具”上下文工具中　“格式”选项卡中的“排列”选项区中的置于顶层按钮，可将选中图片置于所有图片的上方，如图 3.1.18 所示。

（2）选中幻灯片中的某张图片，单击“排列”选项区中的置于底层按钮，可将选中图片置于所有图片的下方，如图 3.1.19 所示。

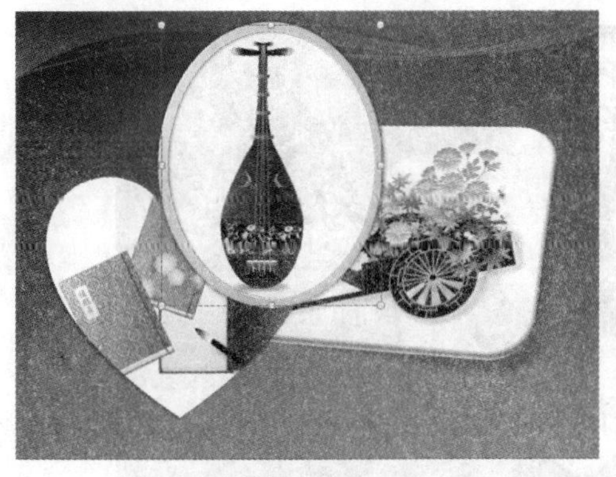

图 3.1.18　置于顶层

图 3.1.19　置于底层

（3）如果要将选中的图片上移一层，可单击置于顶层按钮，在弹出的下拉菜单中选择上移一层(F)命令即可；如果要将选中的图片下移一层，可单击置于底层按钮，在弹出的下拉菜单中选择下移一层(B)命令即可。

（4）如果要隐藏某张图片，可单击选择窗格按钮，即可弹出“选择和可见性”面板，如图 3.1.20 所示，单击要隐藏图片右侧的图标即可，如图 3.1.21 所示。要重新显示该图片，再次单击该图标即可。

图 3.1.20 “选择和可见性”面板

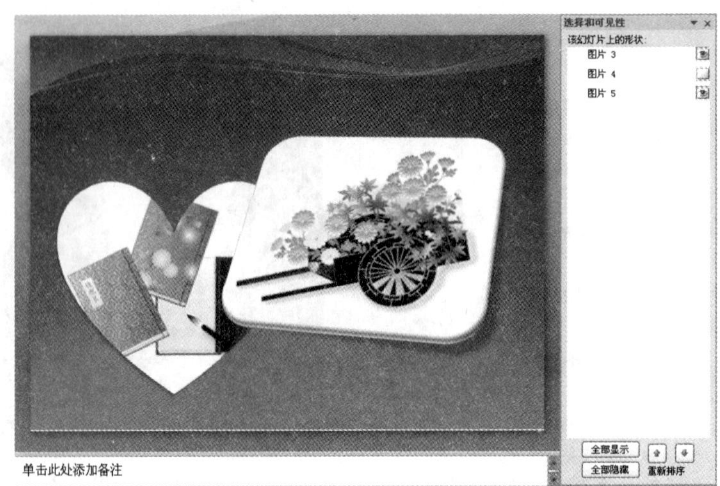

图 3.1.21 隐藏图片

（5）如果要隐藏所有图片，单击该面板下方的 全部隐藏 按钮即可；如果要重新显示隐藏的所有图片，单击 全部显示 按钮即可；如果要调整图片的排列顺序，单击“上移一层”按钮或“下移一层”按钮即可。

（6）如果要使图片按照某种方式对齐，可将所有图片选中，单击 对齐 按钮，弹出其下拉菜单，如图 3.1.22 所示。在该下拉菜单中选择合适的选项，即可使所选图片按照该种方式对齐，如图 3.1.23 所示。

图 3.1.22 对齐下拉菜单

图 3.1.23 左对齐

（7）如果用户要旋转某张图片，可以拖动图片选择框中间的绿色手柄进行手动旋转，也可以单击 旋转 按钮，从弹出的下拉菜单（见图 3.1.24）中选择某个选项，使其按照某个方向精确旋转，如图 3.1.25 所示。

向右旋转 90°(R)
向左旋转 90°(L)
垂直翻转(V)
水平翻转(H)
其他旋转选项(M)...

图 3.1.24　旋转下拉菜单

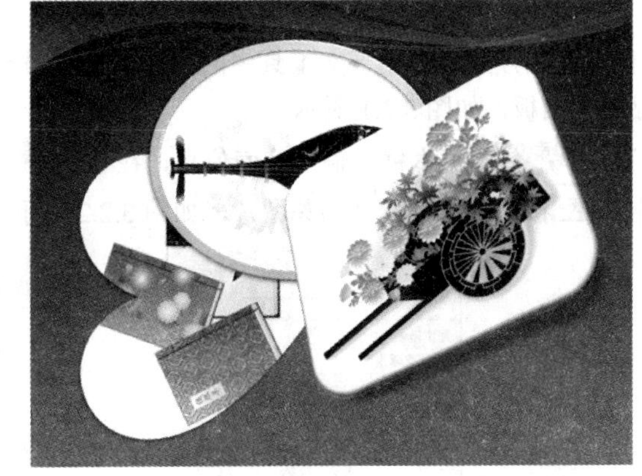

图 3.1.25　旋转后的图片

4．更改大小

当用户将某张图片插入到幻灯片中后，一般都需要对其大小进行调整，以使其符合用户需要。调整图片大小的具体操作步骤如下：

（1）选中要调整大小的图片，单击“大小”选项区中的 裁剪 按钮，此时图片周围将出现裁剪框，如图 3.1.26 所示。

（2）将鼠标置于裁剪框上的任意一点上，单击并拖动鼠标，即可改变图片的大小，如图 3.1.27 所示。

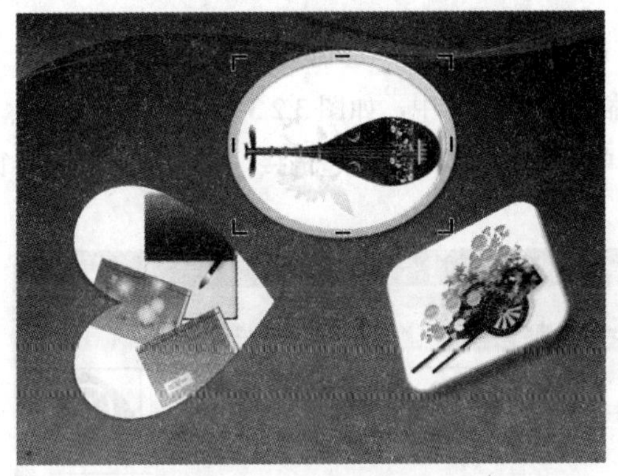

图 3.1.26　图片裁剪框

图 3.1.27　裁剪后的图片

（3）除此之外，用户还可以在高度和宽度文本框中直接输入数值设置图片的大小。

3.2　插入剪贴画

Office 剪辑库自带了大量的剪贴画，并根据剪贴画的内容设置了不同的类别和关键字，其中包括人物、植物、动物、建筑物、保健、背景、标志、科学、工具、旅游、农业及形状等图形类别。用户可以将这些剪贴画直接插入到演示文稿中。

在幻灯片中插入剪贴画，其具体操作步骤如下：

（1）打开需要插入剪贴画的幻灯片。

（2）在“图片工具”上下文工具中的“格式”选项卡中的“插图”选项区中单击剪贴画按钮，打开“剪贴画”面板，如图 3.2.1 所示。

（3）在搜索文字:文本框中输入搜索信息，在搜索范围:下拉列表框中选择搜索的范围。输入完成后，单击搜索按钮即可搜索到相关图片，如图 3.2.2 所示。

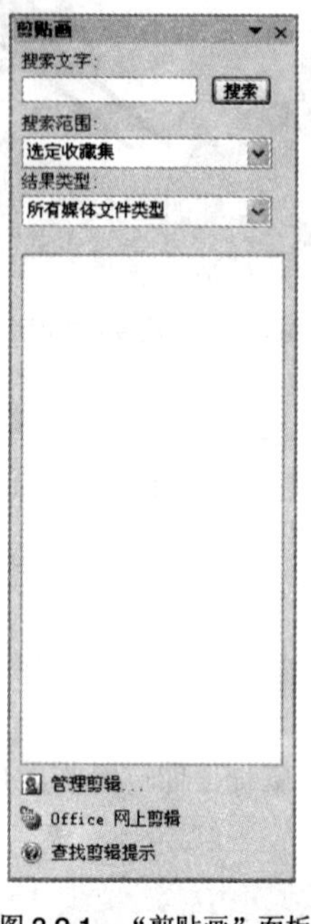

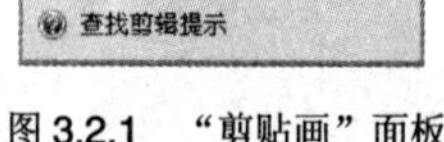
图 3.2.1 “剪贴画”面板

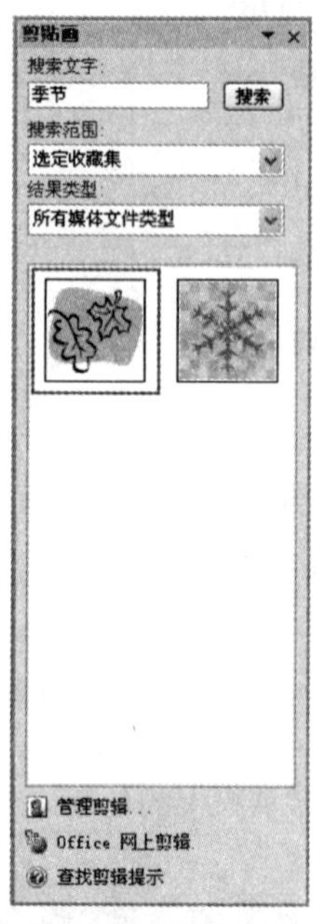

图 3.2.2 搜索到的图片

（4）在图片列表框中单击所需图片，即可将其插入到幻灯片中，如图 3.2.3 所示。

（5）如果列表框中的剪贴画不能满足要求时，单击管理剪辑...超链接，打开剪辑管理器窗口，如图 3.2.4 所示。

图 3.2.3 插入的剪贴画

图 3.2.4 剪辑管理器窗口

（6）在该窗口中选择所需的剪贴画，单击鼠标右键，从弹出的快捷菜单中选择复制(C)命令。在幻灯片中单击鼠标右键，从弹出的快捷菜单中选择粘贴(P)命令即可。

（7）将剪贴画插入到幻灯片中之后，也可以对其进行编辑。其编辑方法与图片的编辑方法相同，在此不再重述，用户可参照前面介绍的方法进行编辑。

3.3　插入与编辑形状

在 PowerPoint 2007 中，形状是指一组预定义的图形，如矩形、直线等，用户可以将这些形状插入到幻灯片中使用，还可以对其进行各种编辑操作。

3.3.1　插入形状

在幻灯片中插入形状的具体操作步骤如下：

（1）在“插入”选项卡中的“插图”选项区中单击形状按钮，弹出其下拉列表，如图 3.3.1 所示。

（2）在该列表框中选择要使用的形状，单击鼠标左键，此时鼠标指针变成“十”字形状，在幻灯片中单击并拖动鼠标，即可绘制好该形状，如图 3.3.2 所示。

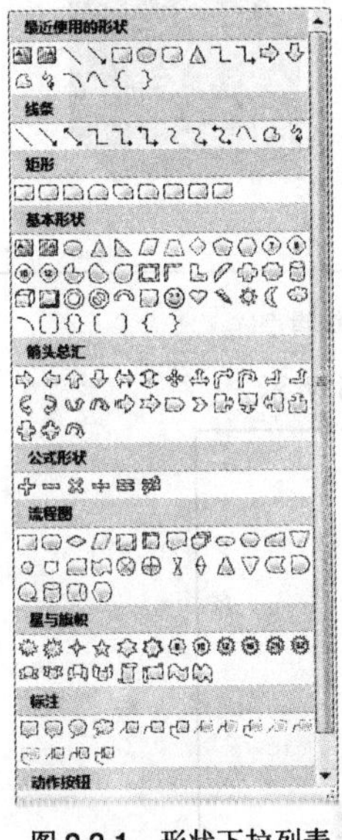

图 3.3.1　形状下拉列表

图 3.3.2　插入的形状

3.3.2　编辑形状

将形状插入到幻灯片中之后，还可以对其形状样式、大小等进行编辑，下面将分别介绍这些操作。

1．更改形状

如果要对形状的外观进行更改，可按照以下操作步骤进行：

（1）选中要更改外观的形状，在“绘图工具”上下文工具中单击“格式”标签，打开“格式”选项卡，如图 3.3.3 所示。

（2）在“格式”选项卡中的“插入形状”选项区中单击按钮，弹出其下拉列表，如图 3.3.4 所示。

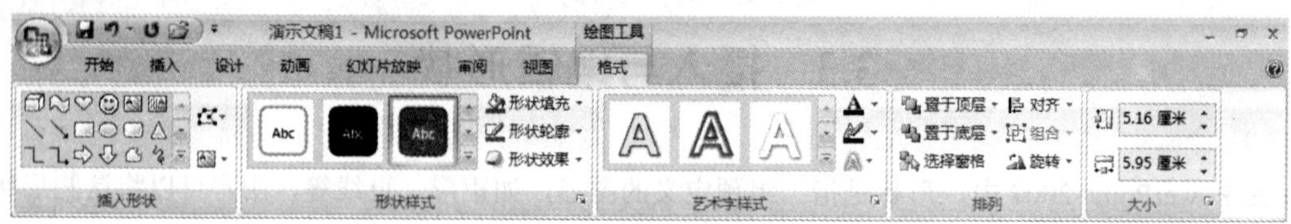

图 3.3.3 “格式”选项卡

（3）在该列表中选择 编辑顶点(E) 选项，此时被选中图片周围将出现编辑点，如图 3.3.5 所示。

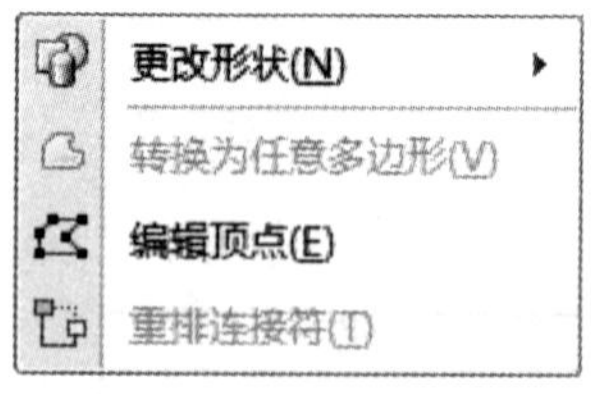

图 3.3.4 下拉列表

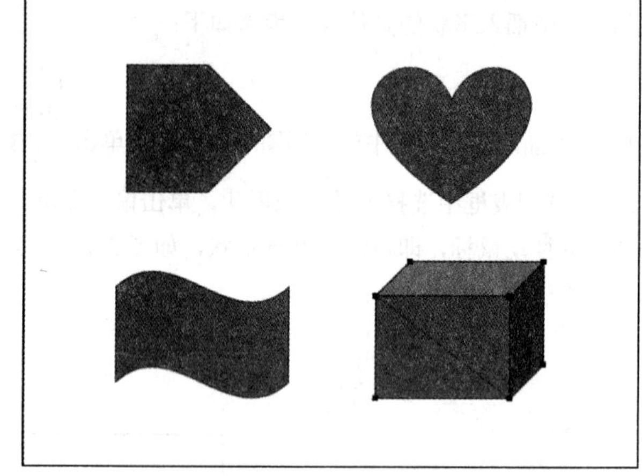

图 3.3.5 编辑点

（4）单击并拖动编辑点，即可改变形状的外观，效果如图 3.3.6 所示。

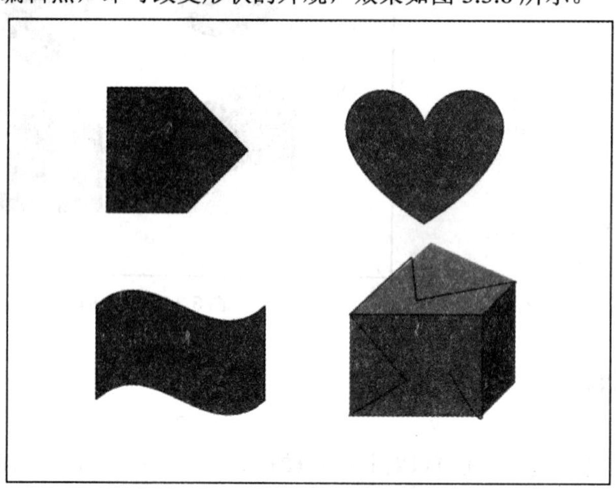

图 3.3.6 更改外观后的效果

2. 设置形状样式

形状样式是指形状的填充、边框等效果，用户可根据需要，对形状样式进行设置，具体操作步骤如下：

（1）选中要更改样式的形状。

（2）在“形状样式”选项区中单击按钮，弹出其下拉列表，如图 3.3.7 所示。

（3）在该列表中选择合适的选项，即可将其应用到所选形状上，效果如图 3.3.8 所示。

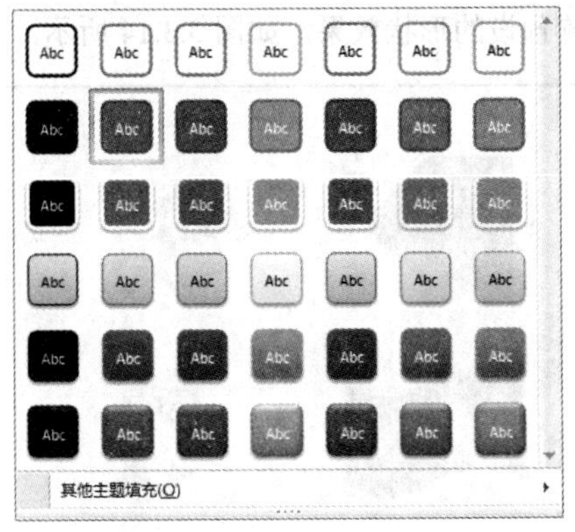

图 3.3.7　形状样式下拉列表

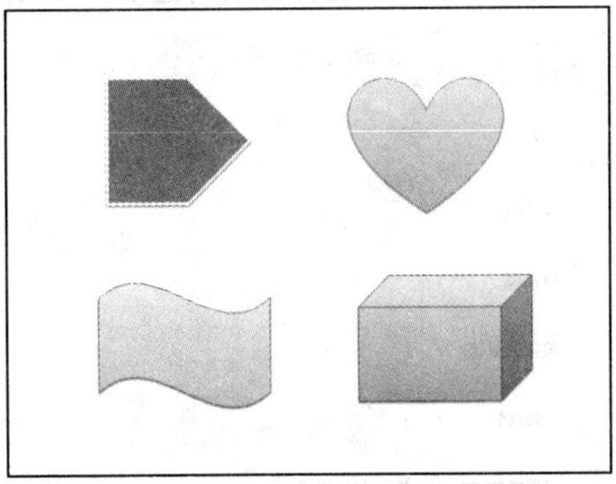

图 3.3.8　应用样式后的效果

（4）如果要对形状的填充色进行重新设置，可在选中形状后单击「形状填充」按钮，即可弹出其下拉列表，如图 3.3.9 所示。

（5）用户可在该下拉列表中选择纯色、图片、渐变以及纹理填充形状，效果如图 3.3.10 所示。

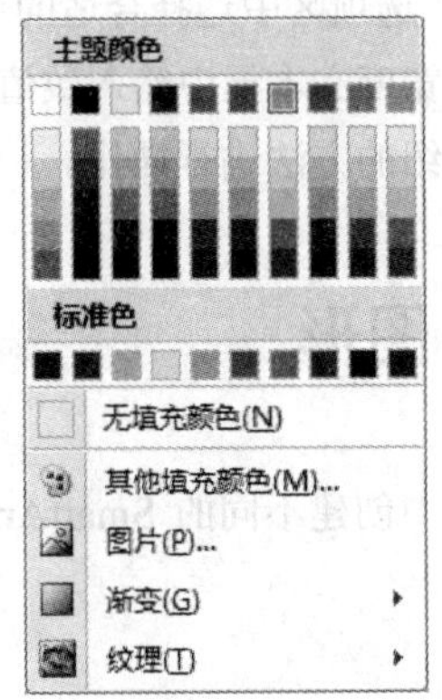

图 3.3.9　形状填充下拉列表

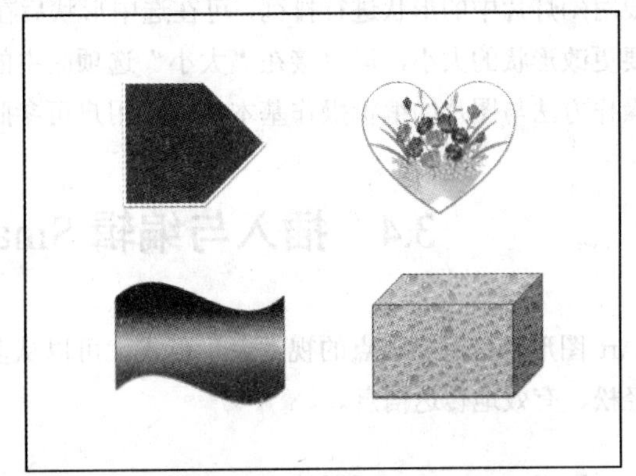

图 3.3.10　不同的填充效果

（6）如果要对形状的形状轮廓进行重新设置，可在选中形状后单击「形状轮廓」按钮，即可弹出其下拉列表，如图 3.3.11 所示。

（7）用户可以在该列表框中为形状的轮廓设置不同的线型，如图 3.3.12 所示。

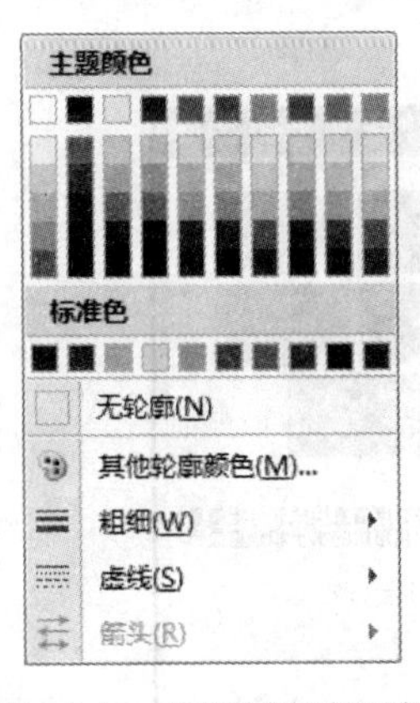

图 3.3.11　形状轮廓下拉列表

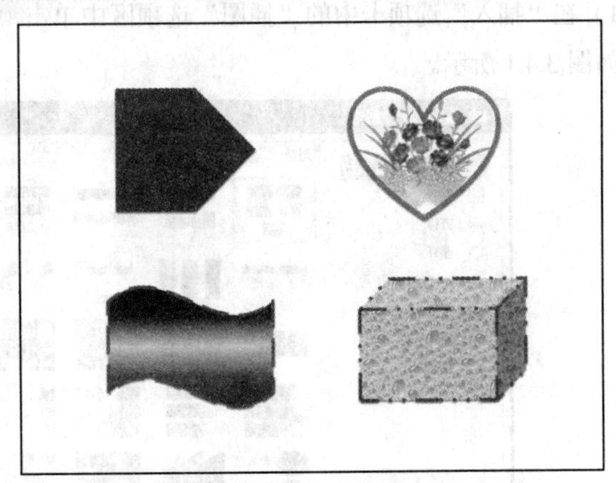

图 3.3.12　不同的形状轮廓效果

（8）如果要对形状的效果进行设置，可在选中形状后单击「形状效果」按钮，弹出其下拉列表，如图 3.3.13 所示。

（9）在该列表框中选择合适的选项，可为形状设置预设的形状效果，如图 3.3.14 所示。

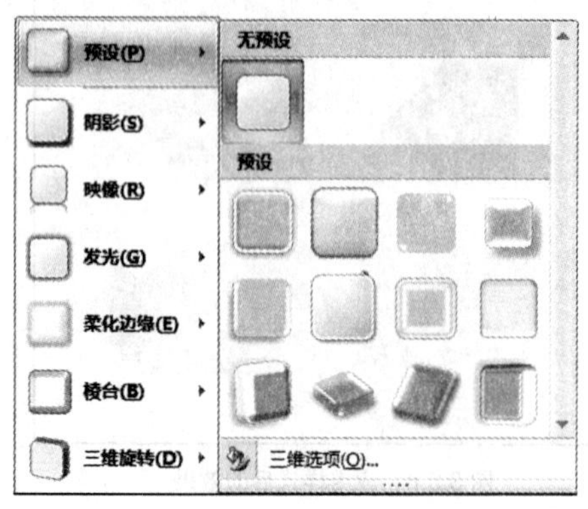

图 3.3.13　形状效果下拉列表

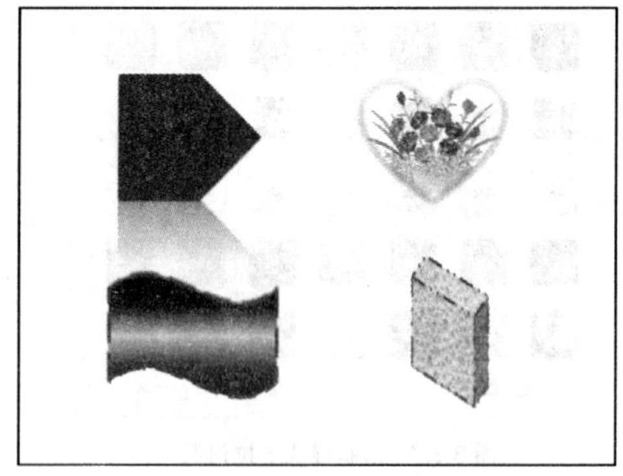

图 3.3.14　应用形状效果后的形状

3．排列和更改大小

如果要对幻灯片中的形状进行排列，可在选中形状后在“排列”选项区中选择合适的选项进行排列；如果要更改形状的大小，可直接在“大小”选项区中的高度和宽度文本框中输入数值进行设置。其具体的操作方法与图片的编辑操作基本相同，用户可参照前面介绍的方法进行操作。

3.4　插入与编辑 SmartArt 图形

SmartArt 图形是信息和观点的视觉表示形式。可以从多种布局中创建不同的 SmartArt 图形，从而快速、轻松、有效地传达信息。

3.4.1　插入 SmartArt 图形

在 PowerPoint 2007 中创建 SmartArt 图形的具体操作步骤如下：

（1）在“插入”选项卡中的“插图”选项区中单击SmartArt按钮，弹出“选择 SmartArt 图形”对话框，如图 3.4.1 所示。

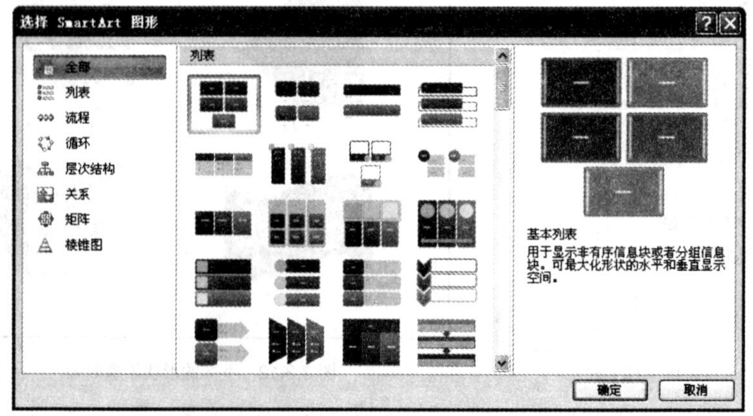

图 3.4.1　“选择 SmartArt 图形”对话框

（2）在对话框最左侧的选项卡中选择 SmartArt 图形的名称，并在“列表”列表框中选择要插入图形的样式，单击 确定 按钮，即可在幻灯片中插入所需的 SmartArt 图形，如图 3.4.2 所示。

（3）单击 SmartArt 图形中的一个形状，然后输入文本，或单击“文本”窗格中的“[文本]”，然后输入文字，如图 3.4.3 所示。

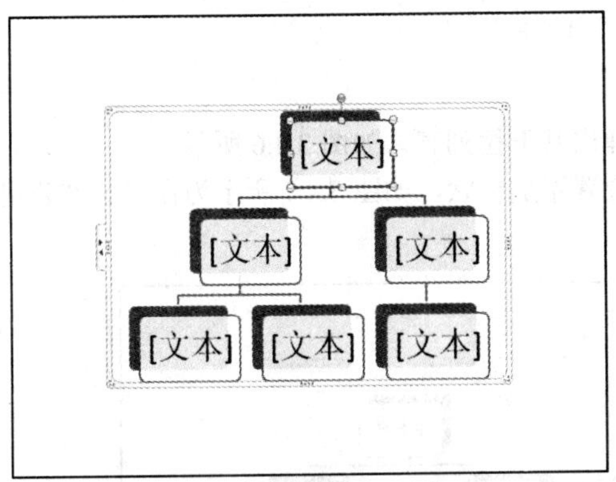

图 3.4.2　插入 SmartArt 图形

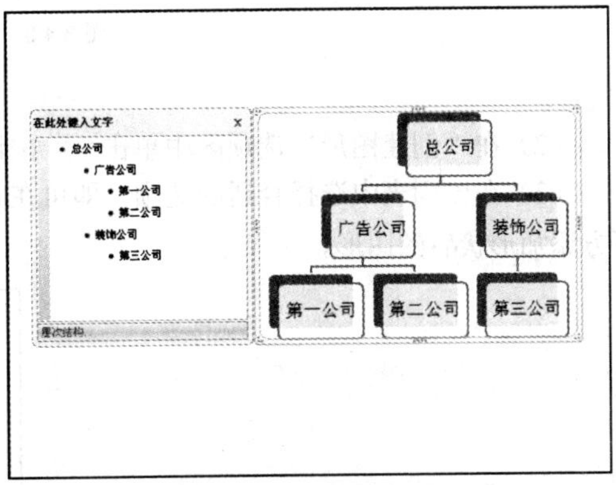

图 3.4.3　输入文本

（4）此时，该 SmartArt 图形即可创建完成，如图 3.4.4 所示。

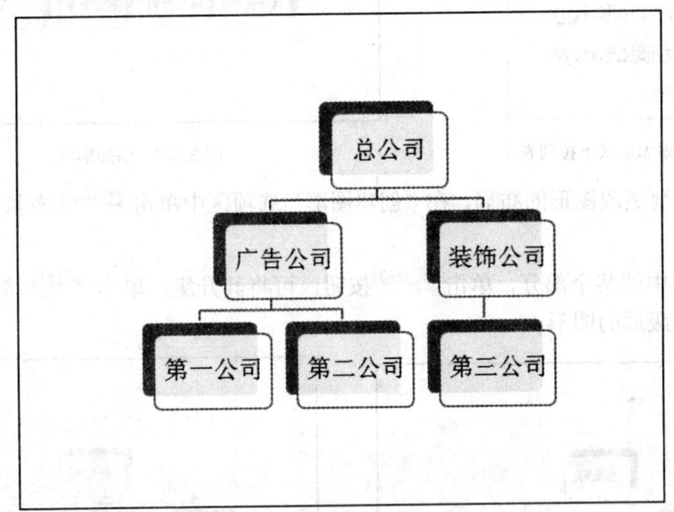

图 3.4.4　创建的 SmartArt 图形

3.4.2　编辑 SmartArt 图形

创建好 SmartArt 图形后，用户还可以根据需要，对创建的图形进行编辑，以使其符合用户的需要。

1．添加形状

如果要给创建好的 SmartArt 图形添加形状，可按照以下操作步骤进行：

（1）选中创建的 SmartArt 图形，在“SmartArt 工具”上下文工具中选择“设计”选项卡，如图 3.4.5 所示。

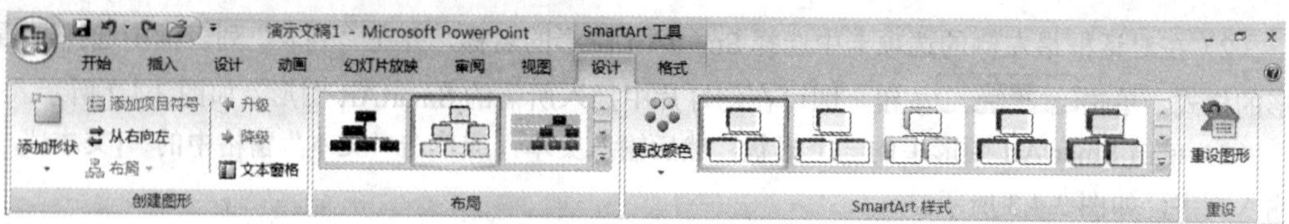

图 3.4.5 “设计”选项卡

（2）在“创建图形”选项区中单击添加形状按钮，弹出其下拉列表，如图 3.4.6 所示。

（3）在该列表中选择合适的选项，即可在相应位置添加形状，如图 3.4.7 所示为在“装饰公司”下方添加形状后的图形。

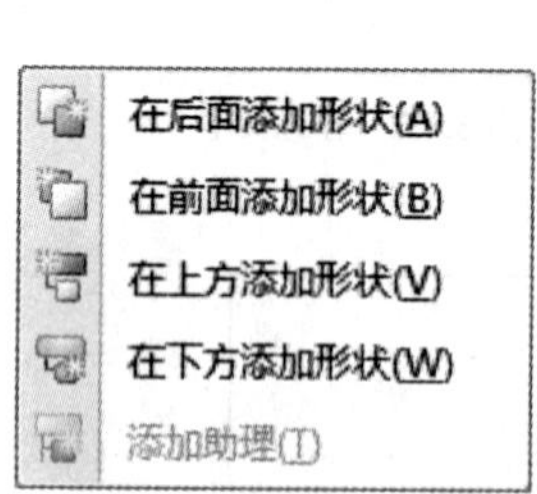

图 3.4.6 添加形状下拉列表

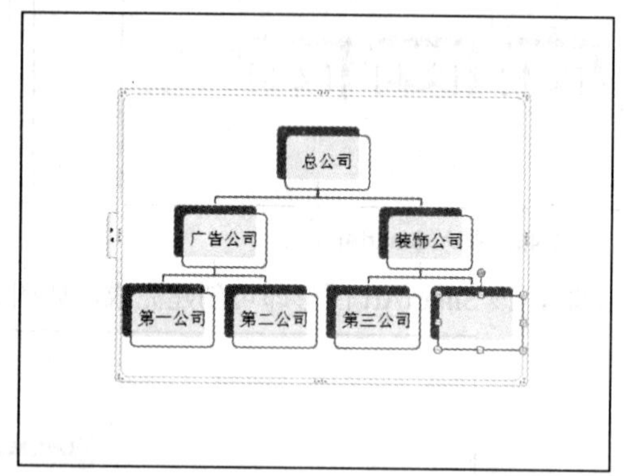

图 3.4.7 添加形状

（4）如果用户要更改图形的布局，在“创建图形”选项区中单击从右向左按钮即可，如图 3.4.8 所示。

（5）选中图形中的某个部分，单击升级按钮，可将其升级；单击降级按钮，可将其降级。如图 3.4.9 所示为升级后的图形。

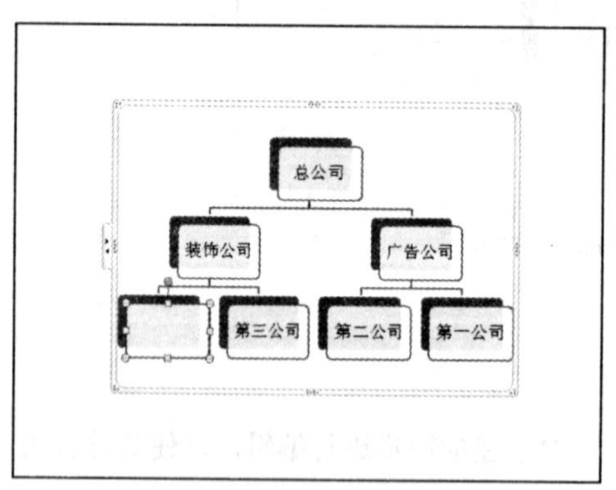

图 3.4.8 更改布局

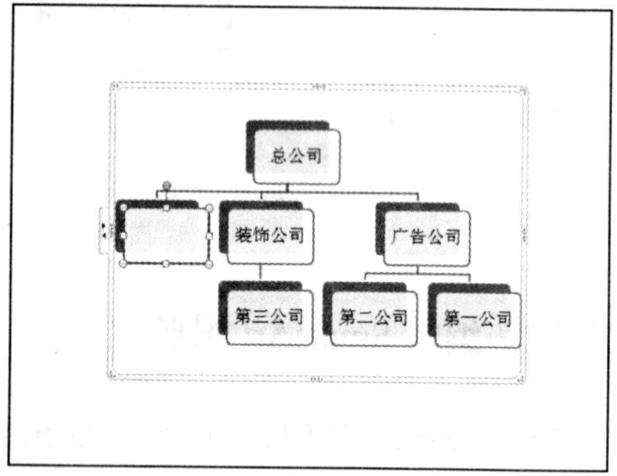

图 3.4.9 升级图形

（6）如果要显示文本窗格，单击文本窗格按钮即可，如图 3.4.10 所示。再次单击该按钮，可隐藏文本窗格。

2. 更改布局

如果要对 SmartArt 图形的布局进行大的修改，可按照以下操作步骤进行：

（1）在“布局”选项卡中单击按钮，弹出布局下拉列表，如图 3.4.11 所示。

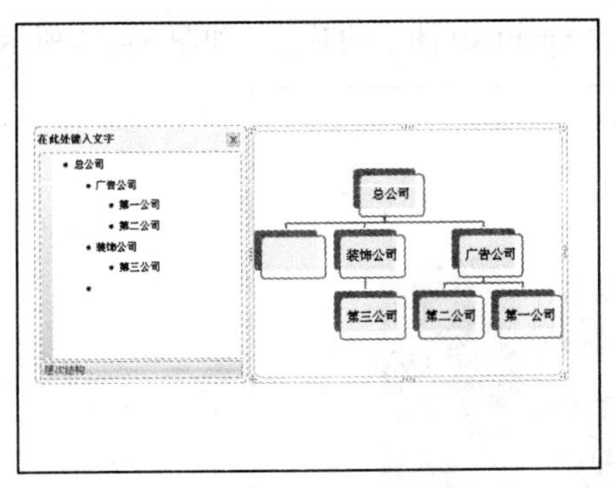

图 3.4.10　显示文本窗格

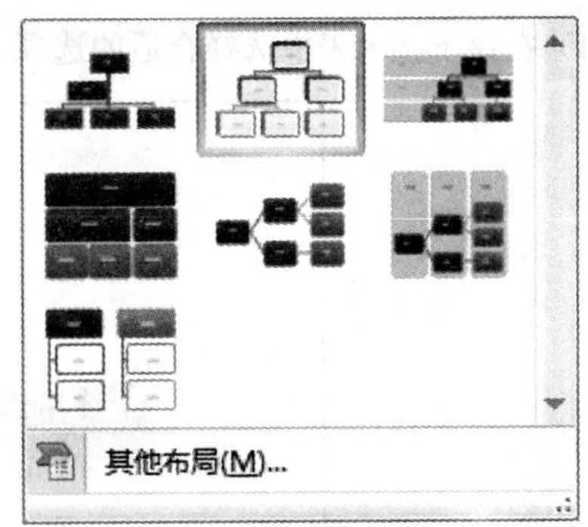

图 3.4.11　布局下拉列表

（2）在该对话框中选择合适的选项，即可更改图形的布局，如图 3.4.12 所示。

3. SmartArt 样式

SmartArt 样式是指 SmartArt 图形的外观，如果用户要对其进行重新设置，可按照以下操作步骤进行：

（1）在“SmartArt 样式”选项区中单击按钮，弹出布局下拉列表，如图 3.4.13 所示。

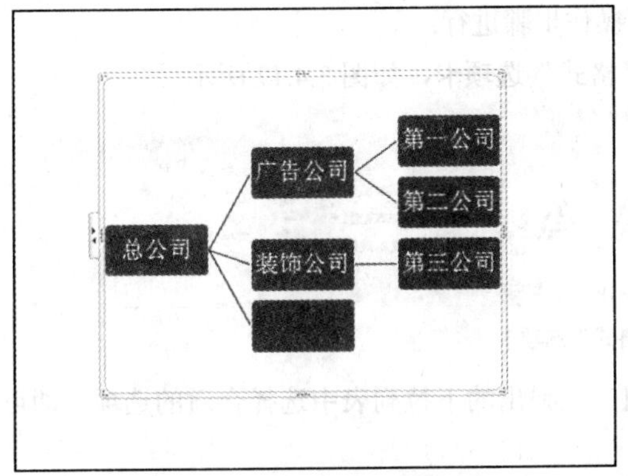

图 3.4.12　更改图形的布局

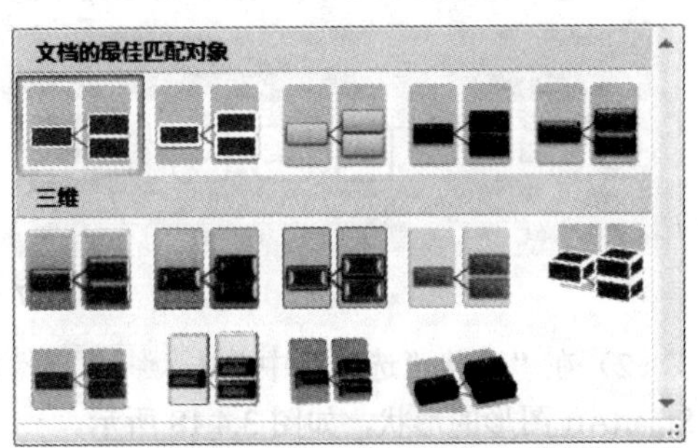

图 3.4.13　SmartArt 样式下拉列表

（2）在该列表中选择合适的样式，即可改变 SmartArt 图形的外观，如图 3.4.14 所示。

（3）如果要对 SmartArt 图形的颜色进行更改，单击按钮，即可弹出其下拉列表，如图 3.4.15 所示。

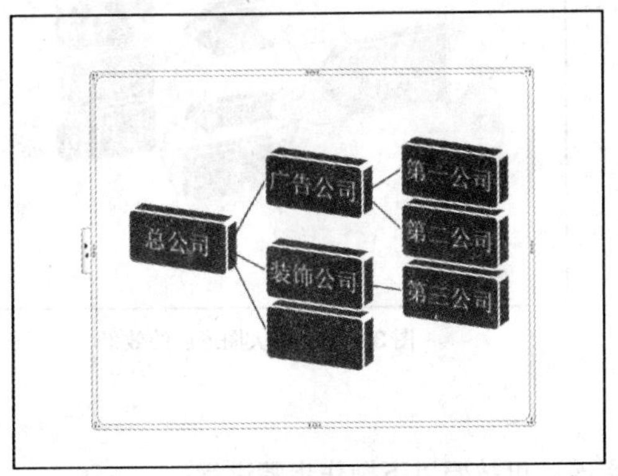

图 3.4.14　更改 SmartArt 图形的外观

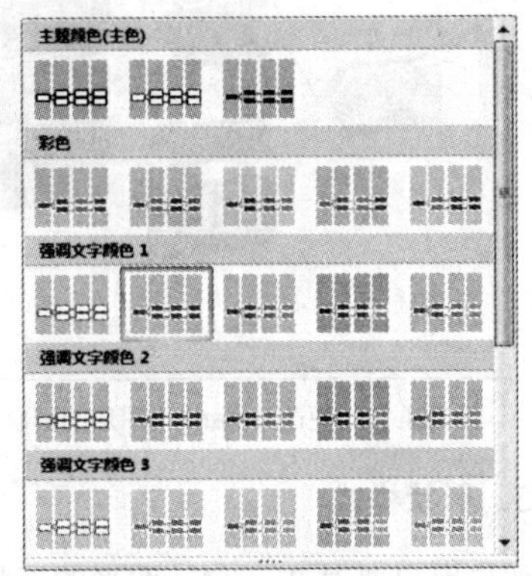

图 3.4.15　更改颜色下拉列表

（4）在该下拉列表中选择合适的选项，即可更改 SmartArt 图形的颜色，如图 3.4.16 所示。

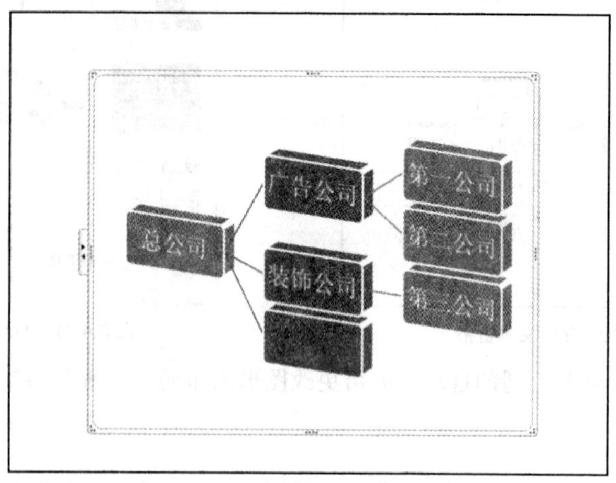

图 3.4.16　更改 SmartArt 图形的颜色

4．更改形状

如果要更改 SmartArt 图形的形状，可按照以下操作步骤进行：

（1）在“SmartArt 工具”上下文工具中选择“格式”选项卡，如图 3.4.17 所示。

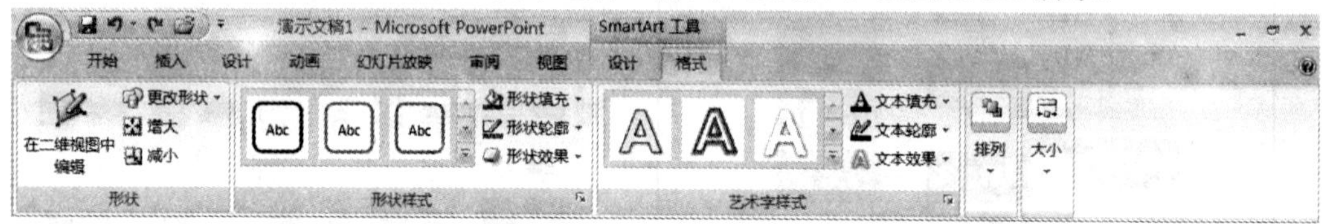

图 3.4.17　“格式”选项卡

（2）在“形状“选项区中单击更改形状按钮，在弹出的下拉列表中选择合适的选项，即可更改 SmartArt 图形的形状，如图 3.4.18 所示。

（3）单击增大按钮，可使选中的某个图形增大；单击减小按钮，可使选中的某个图形减小，如图 3.4.19 所示为增大图形后的效果。

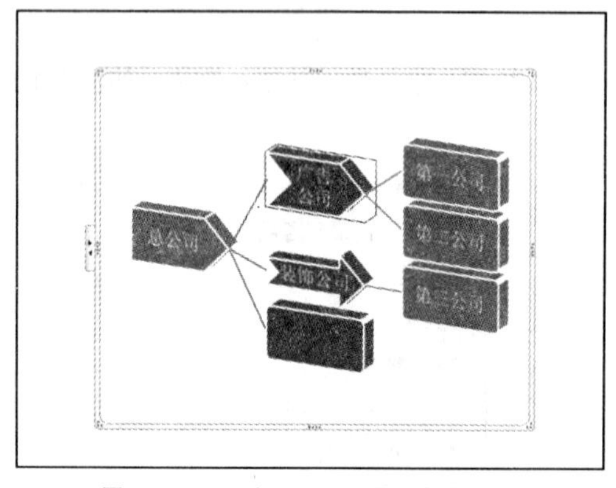

图 3.4.18　更改 SmartArt 图形的形状

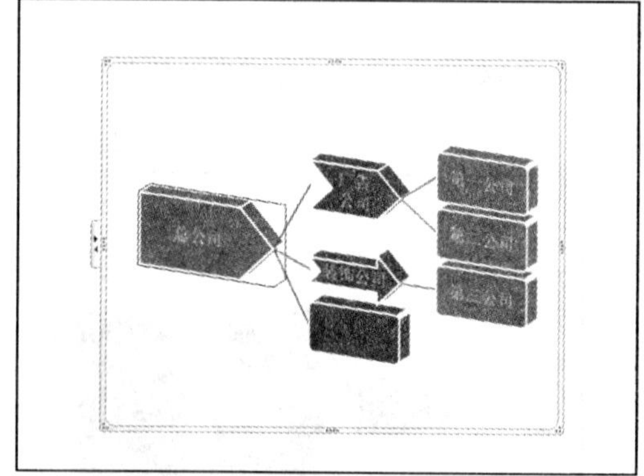

图 3.4.19　增大图形后的效果

5．形状样式

如果用户要对 SmartArt 图形的形状样式进行更改，可按照以下操作步骤进行：

（1）选中创建的 SmartArt 图形，在“格式”选项卡中的“形状样式”选项区中单击按钮，弹出其下拉列表，如图 3.4.20 所示。

（2）在该列表中选择合适的样式，即可改变 SmartArt 图形的样式，如图 3.4.21 所示。

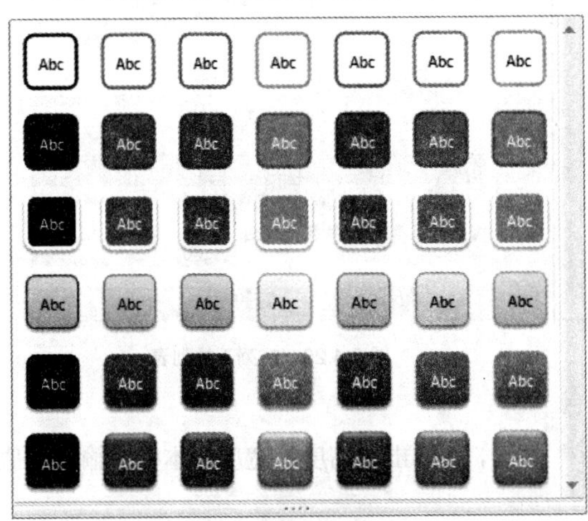

图 3.4.20　形状样式下拉列表

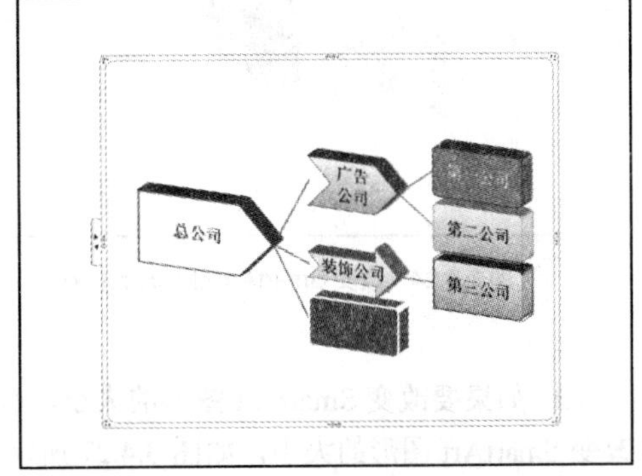

图 3.4.21　改变 SmartArt 图形的样式

（3）如果要改变其填充色，单击“形状填充”按钮，在弹出的下拉列表中选择合适的选项，即可改变 SmartArt 图形的填充色，如图 3.4.22 所示。

（4）如果要改变其轮廓颜色，单击“形状轮廓”按钮，在弹出的下拉列表中选择合适的选项，即可改变 SmartArt 图形的形状轮廓，如图 3.4.23 所示。

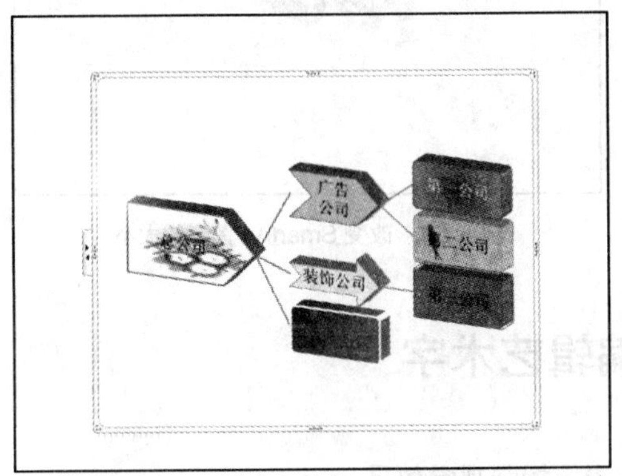

图 3.4.22　改变 SmartArt 图形的填充色

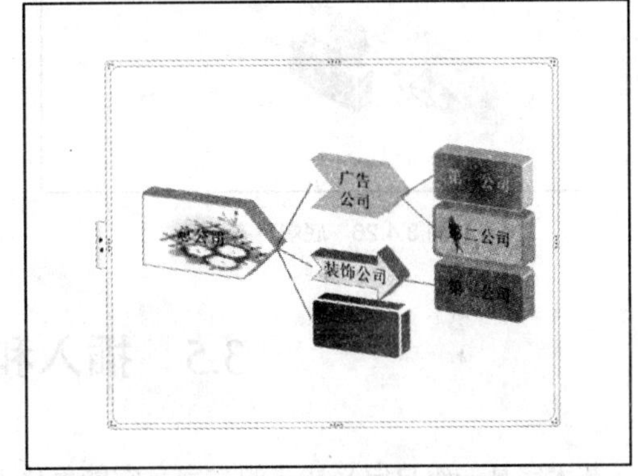

图 3.4.23　改变 SmartArt 图形的形状轮廓

（5）如果要改变其形状效果，可单击“形状效果”按钮，在弹出的下拉菜单中选择合适的选项，即可改变 SmartArt 图形的形状效果，如图 3.4.24 所示。

6．排列和大小

如果要对 SmartArt 图形进行排列以及更改大小，可按照以下操作步骤进行：

（1）在“格式”选项卡中单击“排列”按钮，弹出其下拉列表，如图 3.4.25 所示。

（2）在该列表中选择合适的选项，即可改变其排列方式，如图 3.4.26 所示为将其设置为底端对齐后的效果。

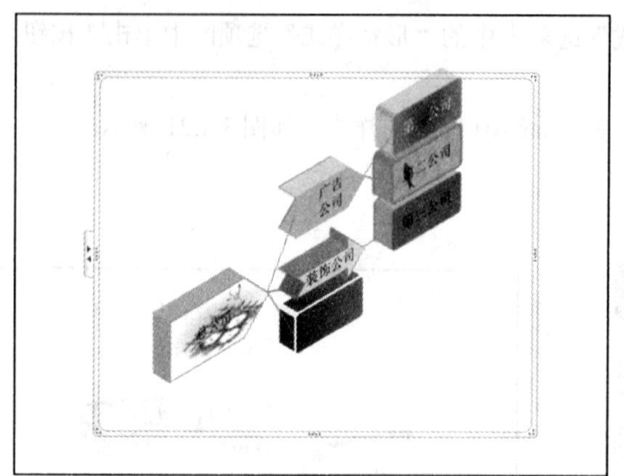

图 3.4.24　改变 SmartArt 图形的形状效果

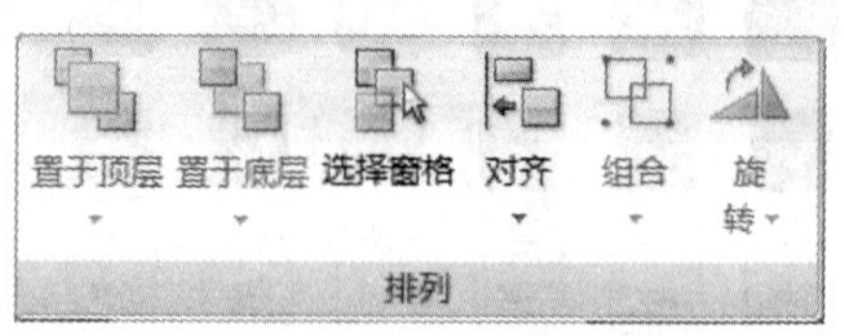

图 3.4.25　排列下拉列表

（3）如果要改变 SmartArt 图形的大小，单击 大小 按钮，在弹出的高度和宽度文本框中输入数值，可改变 SmartArt 图形的大小，如图 3.4.27 所示。

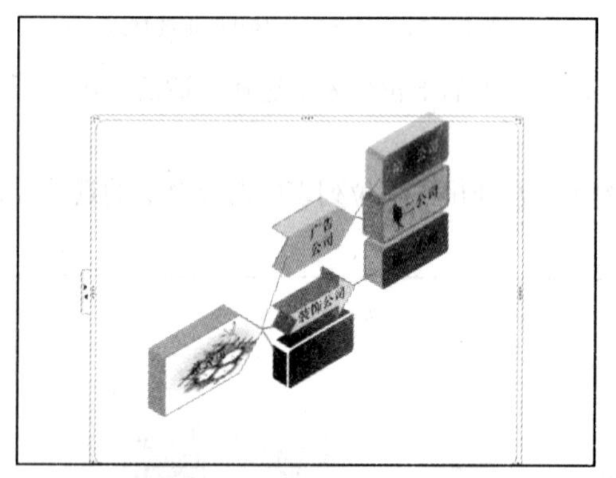

图 3.4.26　底端对齐

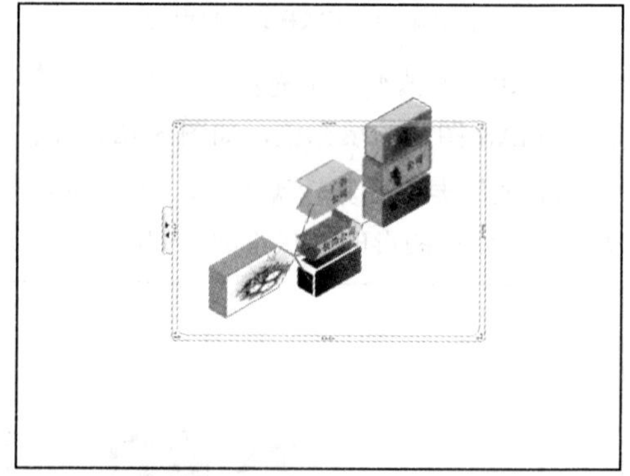

图 3.4.27　改变 SmartArt 图形的大小

3.5　插入和编辑艺术字

艺术字是一组自定义样式的文字，它能美化工作表，增强视觉效果。

3.5.1　插入艺术字

在工作表中插入艺术字的具体操作步骤如下：

（1）在“插入”选项卡中的“文本”选项区中单击 艺术字 按钮，弹出其下拉列表框，如图 3.5.1 所示。

（2）在该列表框中选择一种样式，即可在工作表中显示如图 3.5.2 所示的文本框，用户在该文本框中输入艺术字的内容即可，如图 3.5.3 所示。

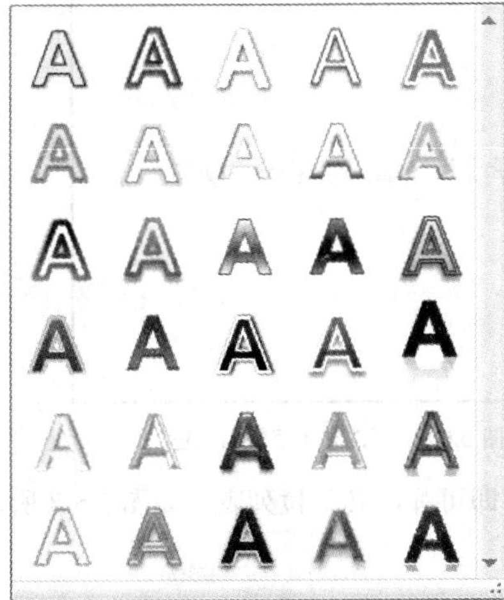

图 3.5.1　艺术字下拉列表

图 3.5.2　输入艺术字文本框

3.5.2　编辑艺术字

创建好艺术字后，用户还可以对其进行编辑修改，具体操作步骤如下：

（1）选中创建的艺术字。

（2）在“绘图工具”上下文工具中的“格式”选项卡中的“艺术字样式”选项区中单击按钮，弹出其下拉列表，如图 3.5.4 所示。

学习PowerPoint 2007

图 3.5.3　创建的艺术字

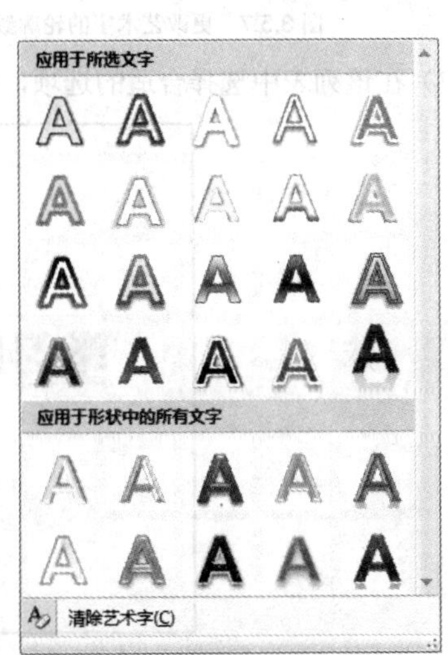

图 3.5.4　艺术字样式下拉列表

（3）在该列表中选择一种样式，即可将其应用到选中的艺术字中去，如图 3.5.5 所示。

（4）如果要更改文本的填充色，可单击按钮，在弹出的下拉菜单中选择合适的选项，即可改变该艺术字的填充色，如图 3.5.6 所示。

（5）如果要改变文本的轮廓颜色，可单击按钮，在弹出的下拉菜单中选择合适的选项，即可改变该艺术字的轮廓颜色，如图 3.5.7 所示。

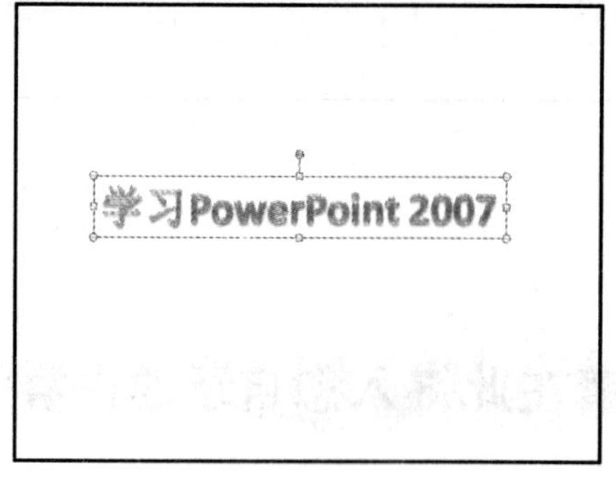

图 3.5.5 改变样式

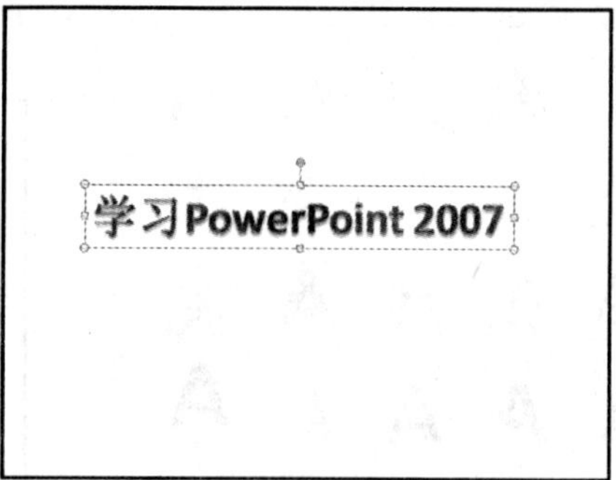

图 3.5.6 更改艺术字的填充色

（6）如果要改变艺术字的文本效果，可单击按钮，即可弹出其下拉列表，如图 3.5.8 所示。

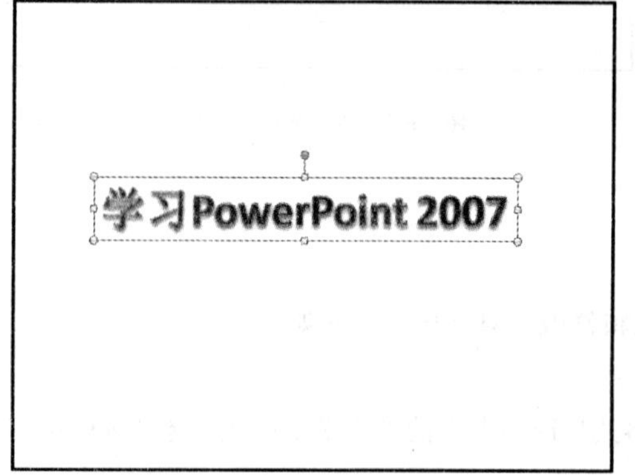

图 3.5.7 更改艺术字的轮廓颜色

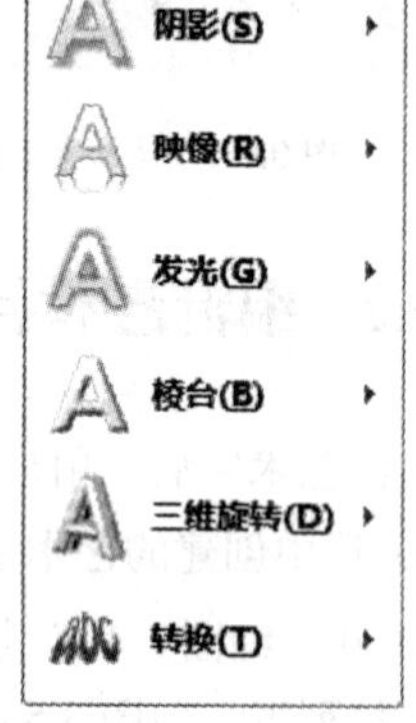

图 3.5.8 更改艺术字的文本效果

（7）在该列表中选择合适的选项，即可改变艺术字的文本效果，如图 3.5.9 所示。

图 3.5.9 更改艺术字的文本效果

3.6 表格和图表

表格与图表也是 PowerPoint 2007 中经常要用到的图形，用户可以十分方便地创建具有特定格式的表格和图表。

3.6.1　插入表格

在 PowerPoint 2007 中插入表格的方法有以下 3 种，下面将分别对这些方法进行介绍。

（1）在“插入”选项卡中的“表格”选项区中单击  表格 按钮，弹出其下拉列表，如图 3.6.1 所示。在表格预览框中拖动鼠标，即可在幻灯片中创建相应行列数的表格，如图 3.6.2 所示。

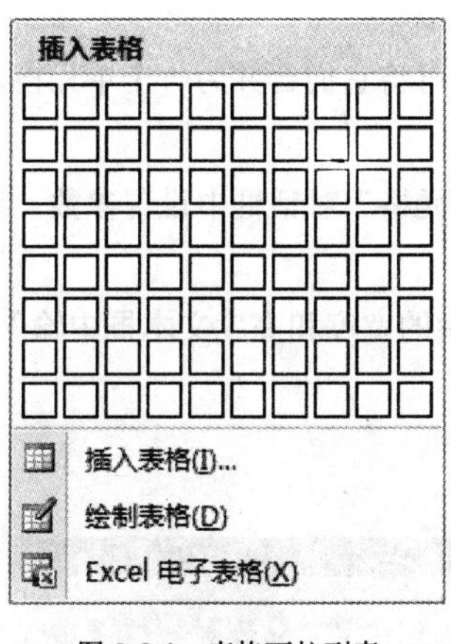

图 3.6.1　表格下拉列表

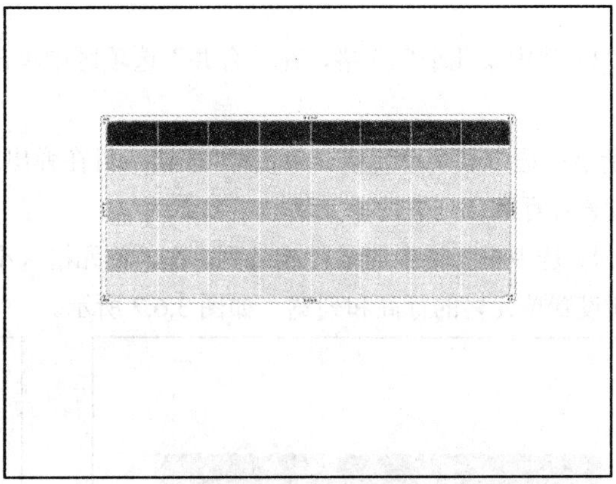

图 3.6.2　创建的表格

（2）在表格下拉列表中选择  插入表格(I)... 选项，弹出“插入表格”对话框，如图 3.6.3 所示。在列数和行数文本框中输入数值，单击  确定 按钮，即可创建好表格。

（3）在表格下拉列表中选择  绘制表格(D) 选项，鼠标指针将会变成铅笔形状，此时在幻灯片中单击并拖动鼠标，即可绘制一个 1 行 1 列的表格，如图 3.6.4 所示。

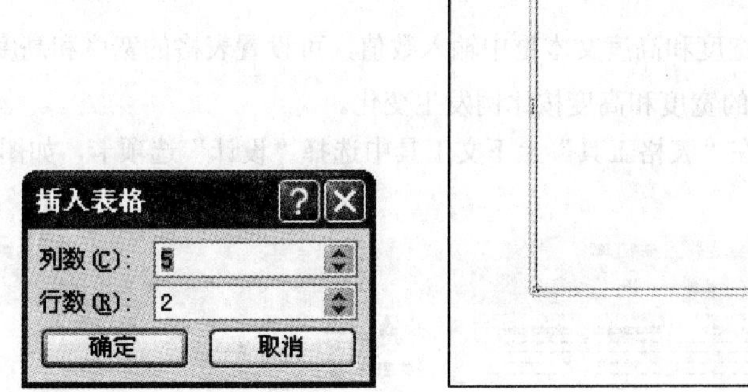

图 3.6.3　“插入表格”对话框

图 3.6.4　绘制的表格

3.6.2　编辑表格

创建好表格后，用户还可以根据需要，对其进行编辑。

（1）选中创建的表格，在“表格工具”上下文工具中选择“布局”选项卡，如图 3.6.5 所示。

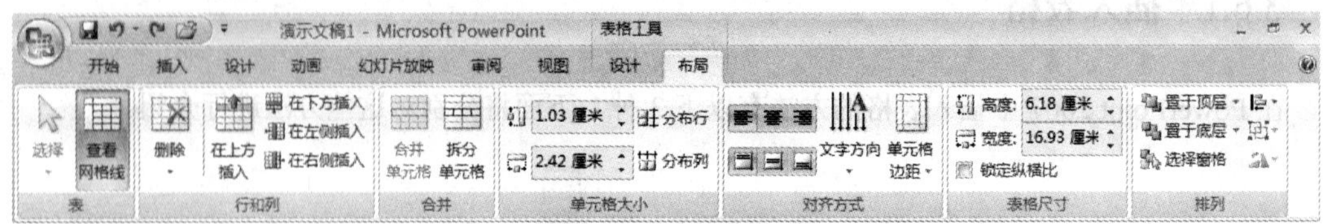

图 3.6.5 “布局”选项卡

（2）在“行和列”选项区中单击相应的按钮，即可在表格中插入行或列。

（3）选中某几个单元格，在“合并”选项区中单击合并单元格按钮，可将它们合并为一个单元格，如图 3.6.6 所示；选中某个单元格，单击拆分单元格按钮，可在弹出的“拆分单元格”对话框中设置参数，将其拆分成设置好行数和列数的单元格。

（4）选中单元格中的某行或某列，在“单元格大小”选项区中的宽度和高度文本框中输入数值，可重新设置单元格的行高和列宽，如图 3.6.7 所示。

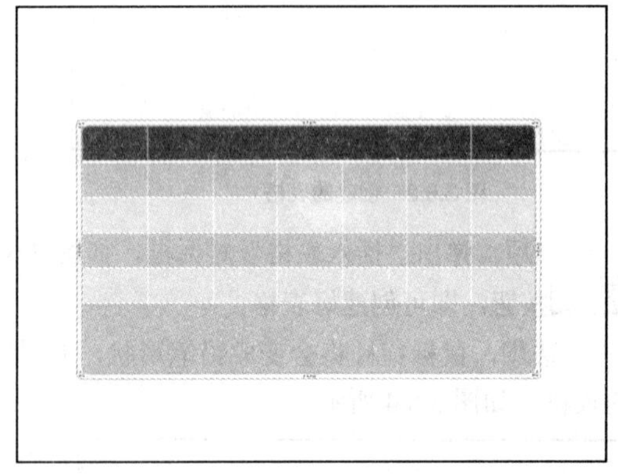
图 3.6.6 合并单元格

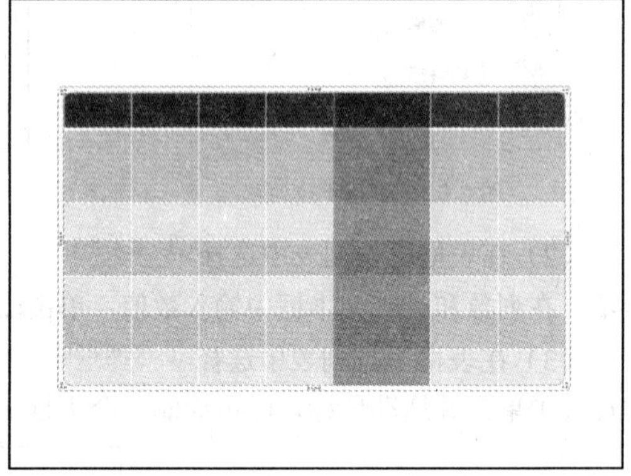
图 3.6.7 调整行高和列宽的单元格

（5）在“对齐方式”选项区中单击相应的按钮，可设置单元格的对齐方式、文本方向以及文本距单元格边框的距离。

（6）在“表格尺寸”选项区中的宽度和高度文本框中输入数值，可设置表格的宽度和高度，如果选中 锁定纵横比 复选框，可使表格的宽度和高度按比例发生变化。

（7）如果要更改表格的样式，可在“表格工具”上下文工具中选择“设计”选项卡，如图 3.6.8 所示。

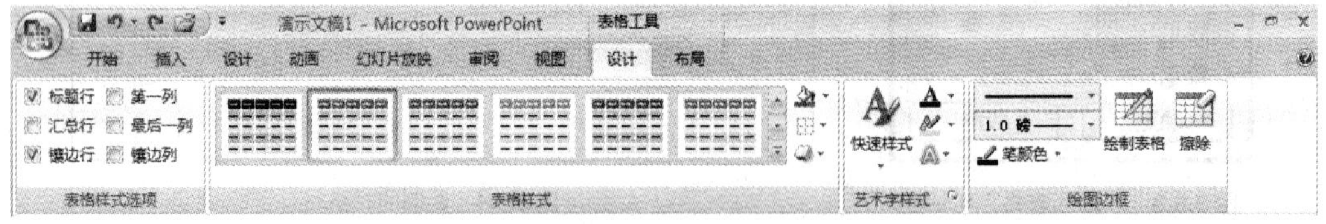

图 3.6.8 “设计”选项卡

（8）在表格样式列表框中选择一种样式，即可将其应用到创建的表格中，如图 3.6.9 所示。

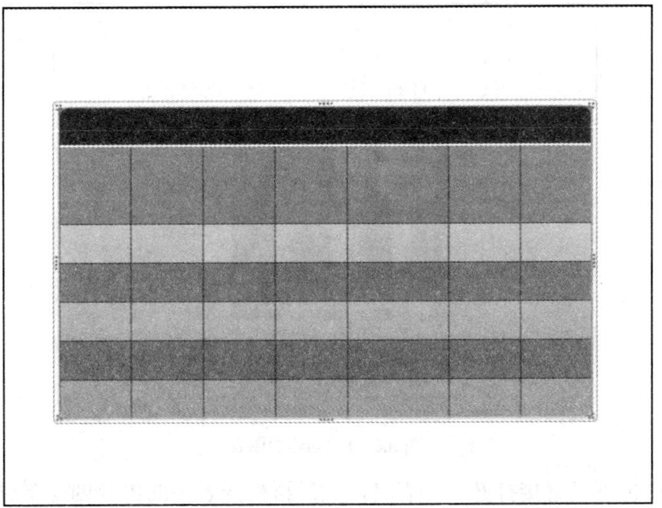

图 3.6.9　应用样式后的表格

3.6.3　插入图表

图表具有直观的效果，它可以将数据以柱形、饼图、散点图等形式生动地表现出来，便于查看和分析。在幻灯片中插入图表，其具体操作步骤如下：

（1）在“插入”选项卡中的“插图”选项区中单击图表按钮，弹出“插入图表”对话框，如图 3.6.10 所示。

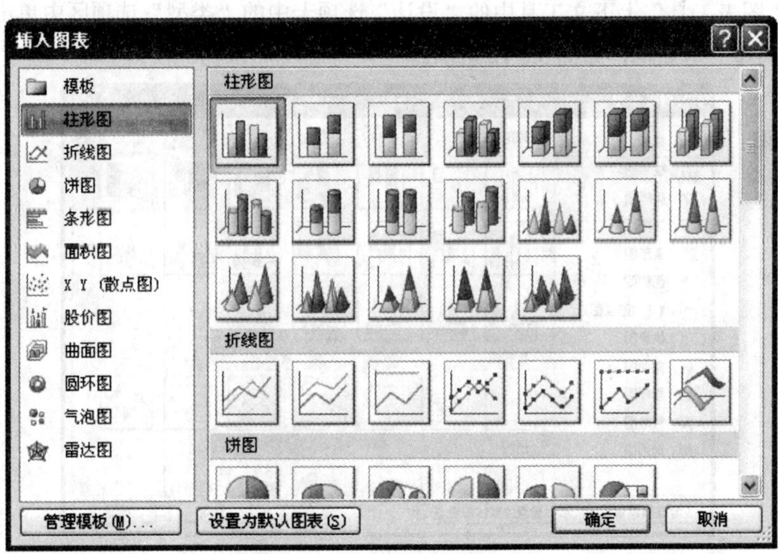

图 3.6.10　“插入图表”对话框

（2）在此对话框中选择合适的图表类型，单击确定按钮，系统即可自动使用 Excel 2007 打开一个工作表，并会根据该工作表创建好图表，如图 3.6.11 所示。

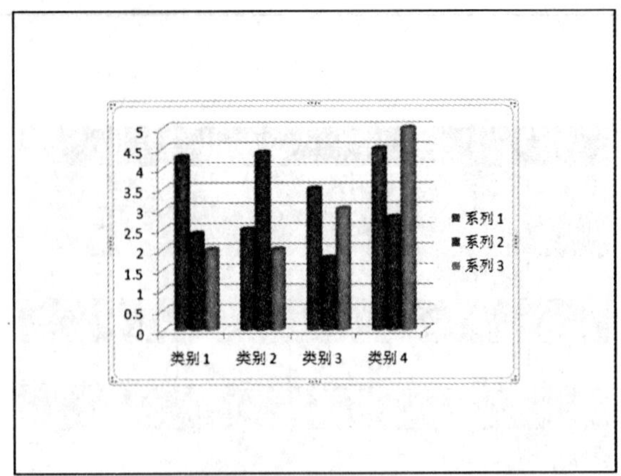

图 3.6.11　创建的图表

除此之外，用户也可以直接打开一个表格，然后再根据表格的内容创建图表。

3.6.4　编辑图表

创建好图表后，还可以对图表的类型、大小、位置等进行设置，以使图表更加符合用户的需要。下面将对这些编辑操作进行介绍。

1. 更改图表类型

如果要更改图表类型，可按照以下操作步骤进行：

（1）选中创建的图表。

（2）在“图表工具”上下文工具中的“设计”选项卡中的“类型”选项区中单击 更改图表类型 按钮，弹出“更改图表类型”对话框，如图 3.6.12 所示。

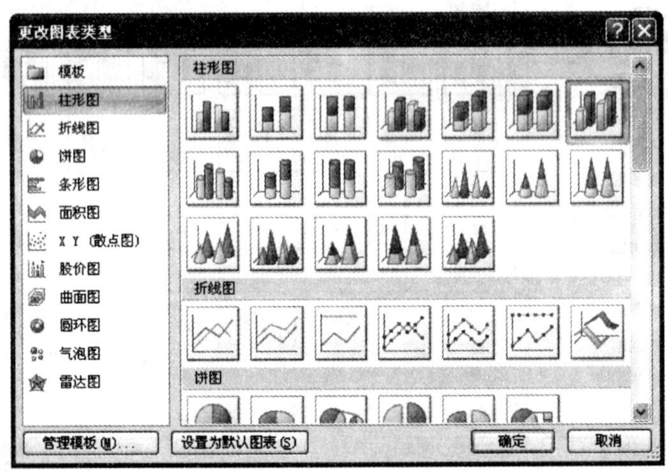

图 3.6.12　“更改图表类型”对话框

（3）单击 确定 按钮，即可更改图表的类型。

2. 更改图表布局

创建图表后，用户可以立即更改它的外观。可以快速将一个预定义布局应用到图表中，而无须手

动添加或更改图表元素。Microsoft Office PowerPoint 提供了多种有用的预定义布局，用户可以直接从中选择；也可以通过手动更改单个图表元素的布局来进一步自定义布局。

（1）选择预定义图表布局。使用预定义图表布局更改图表布局的具体操作步骤如下：

1）选择要设置格式的图表。

2）在“图表工具”上下文工具中的“设计”选项卡中的“图表布局”选项区中单击按钮，弹出其下拉列表，如图 3.6.13 所示。

3）在该下拉列表中选择要使用的布局样式，即可更改当前图表的布局，如图 3.6.14 所示。

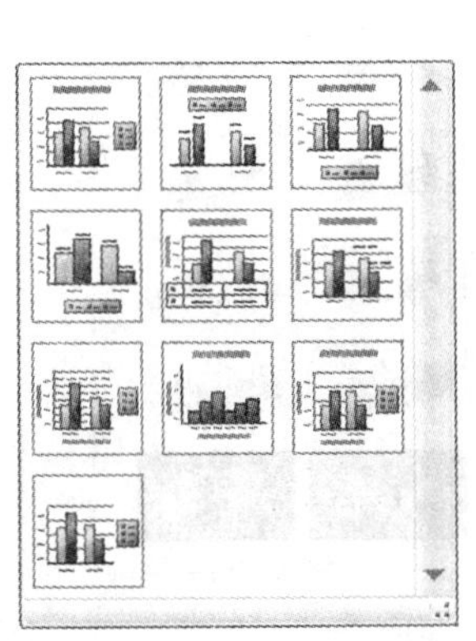

图 3.6.13 图表布局下拉列表

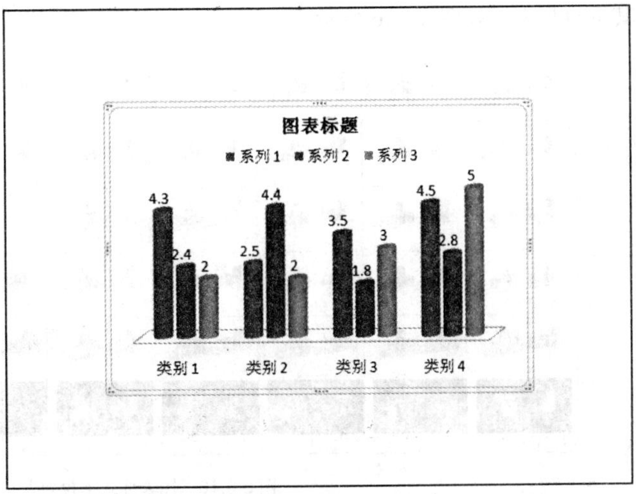

图 3.6.14 更改布局后的图表

（2）手动更改图表元素的布局。除了可以使用系统预设的布局更改图表布局外，还可以手动更改图表的布局，具体操作步骤如下：

1）选中图表或选择要为其更改布局的图表元素。

2）在“图表工具”上下文工具中的“布局”选项卡中的“标签”选项区中单击所需的标签布局选项。

3）在“坐标轴”选项区中单击所需的坐标轴或网格线选项。

4）在“背景”选项区中单击所需的布局选项，如图 3.6.15 所示为更改布局后的图表。

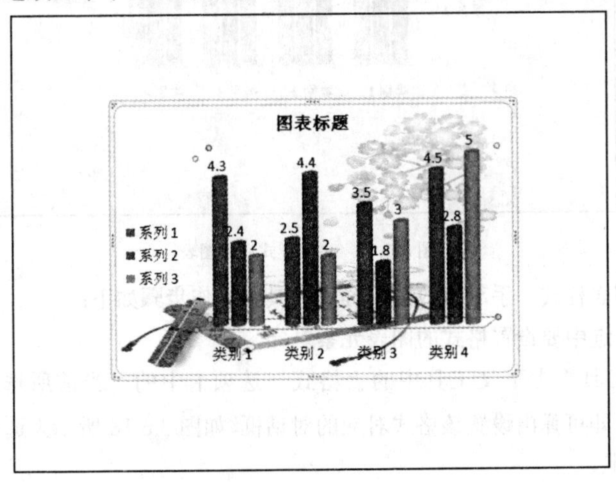

图 3.6.15 更改布局后的图表

3. 图表样式

图表样式与图表布局相同，都关系到图表的外观，用户可根据需要，对图表的样式进行更换。用户既可以选择系统预设的图表样式，也可以手动对图表的样式进行修改，下面将分别对这两种方法进行介绍。

（1）选择预定义图表样式。选择预定义图表样式更换图表样式的具体操作步骤如下：

1）选中需要设置格式的图表。

2）在“图表工具”上下文工具中的“设计”选项卡中的“图表样式”选项区中单击按钮，弹出其下拉列表，如图 3.6.16 所示。

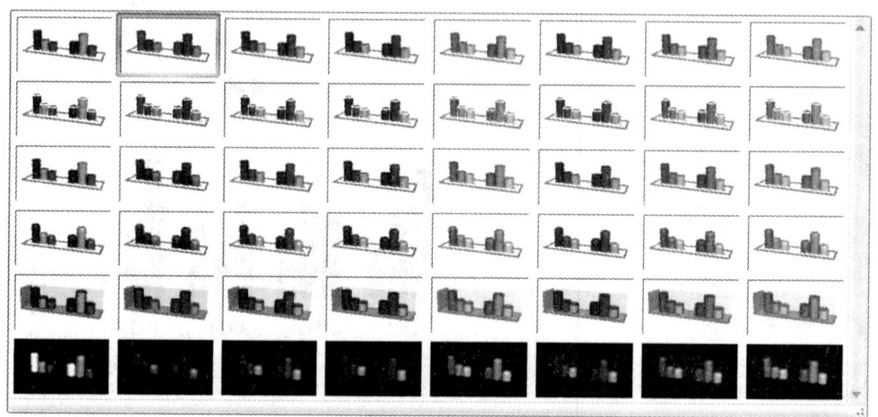

图 3.6.16　图表样式下拉列表

3）在此列表中选择要使用的样式，即可更改当前选中图表的样式，如图 3.6.17 所示。

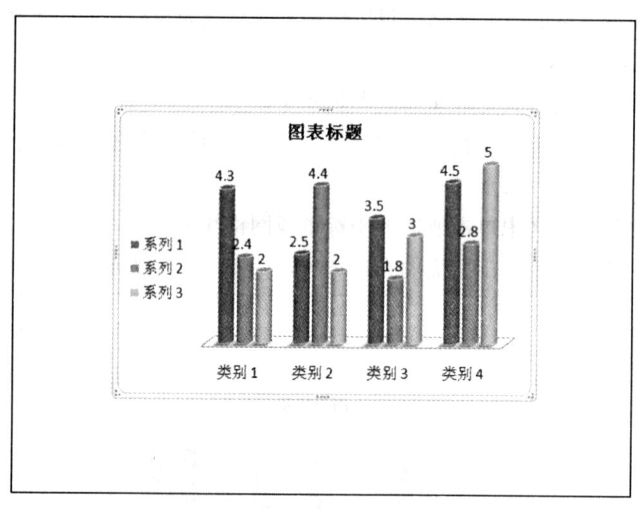

图 3.6.17　更改样式后的图表

（2）手动修改图表样式。手动修改图表样式的具体操作步骤如下：

1）单击图表，选中要设置格式的图表元素。

2）在“图表工具”上下文工具中的“格式”选项卡中的“当前所选内容”选项区中单击 设置所选内容格式 按钮，即可弹出设置该格式对应的对话框，如图 3.6.18 所示为选中绘图区时弹出的“设置图表区格式”对话框。

3）在此对话框中设置绘图区的格式，最终效果如图 3.6.19 所示。

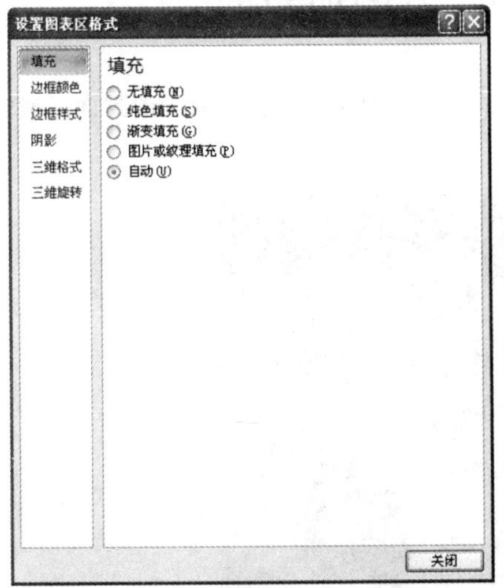

图 3.6.18　“设置图表区格式”对话框

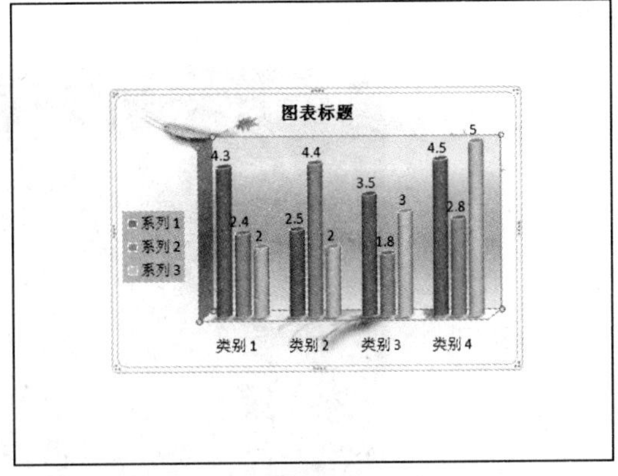

图 3.6.19　更换图表样式后的效果

4. 移动图表及改变图表大小

当图表创建完成后，通常要对图表进行移动、调整其大小及删除等操作。

（1）移动图表。其具体操作步骤如下：

1）选中需要移动的图表，此时图表的四周会出现 8 个控制柄。

2）将鼠标指针放置在图表的空白区域，按住鼠标左键并拖动，此时指针变成✥形状，移动图表，如图 3.6.20 所示。

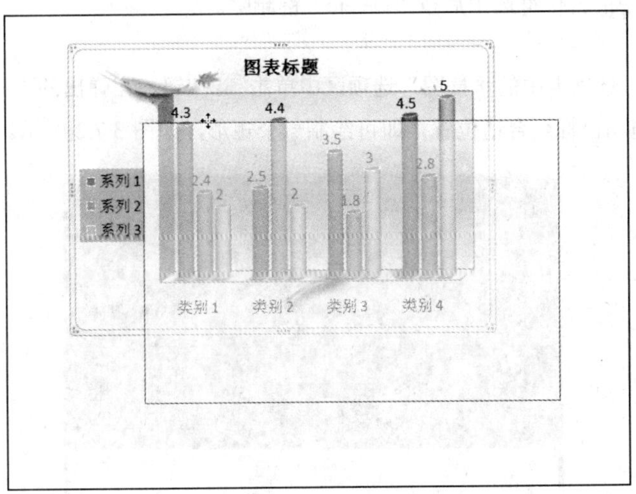

图 3.6.20　移动图表

（2）改变图表大小。其具体操作步骤如下：

1）选中需要改变大小的图表，此时图表的四周会出现 8 个控制柄。

2）将鼠标指针放在任意一个控制柄上，当指针变成⤢，⤡或↔形状时，按住鼠标左键并拖动，即可改变图表的大小。

3.7 典型实例——制作个人画册封面

本节主要介绍在 PowerPoint 2007 中，利用绘图工具、图片和剪贴画制作个人画册封面，最终效果如图 3.7.1 所示。

图 3.7.1 效果图

创作步骤

（1）启动 PowerPoint 2007 应用程序，创建一个空白幻灯片。

（2）将幻灯片中的占位符选中后按“Delete”键删除。

（3）在“插入”选项卡中的“插图”选项区中单击形状按钮，在弹出的下拉列表中选择工具。在幻灯片中单击并拖动鼠标至合适位置，即可绘制一个矩形，如图 3.7.2 所示。

图 3.7.2 绘制的矩形

（4）单击格式标签，打开“格式”选项卡，如图 3.7.3 所示。

（5）在“形状样式”选项区中单击形状填充按钮，在弹出的下拉列表中选择渐变(G)选项，并在其子菜单中选择“线性向下”选项，效果如图 3.7.4 所示。

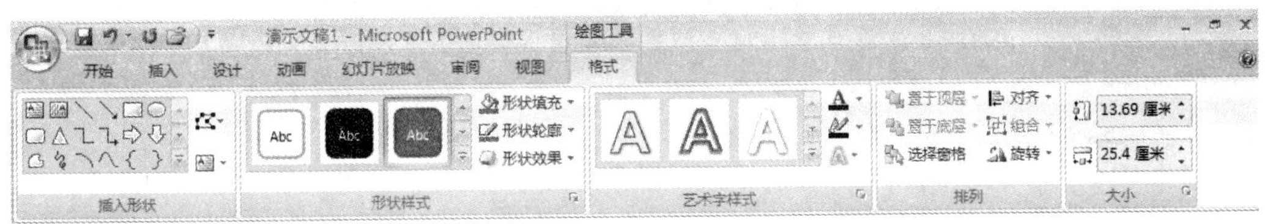

图 3.7.3　“格式”选项卡

（6）选中创建的矩形，单击按钮，在弹出的下拉菜单中选择“无轮廓”选项。

（7）重复步骤（3）～（6）的操作，绘制一个填充色为绿色的矩形，并将其置于大矩形的下方，如图 3.7.5 所示。

图 3.7.4　填充矩形效果

图 3.7.5　绘制小矩形

（8）在“插入”选项卡中的“文本”选项区中单击按钮，在弹出的下拉列表中选择合适的选项，即可在幻灯片中插入一个“键入艺术字内容”文本框，如图 3.7.6 所示。

（9）在该文本框中输入文字“个人画册”，如图 3.7.7 所示。

图 3.7.6　“键入艺术字内容”文本框

图 3.7.7　输入文字

（10）选中创建的艺术字，将其字体设置为“方正水柱简体”。在“格式”选项卡中的“艺术字样式”选项区中单击“文本填充”按钮，在弹出的下拉列表中选择黄色。

（11）单击“文本效果”按钮，在弹出的下拉列表中单击按钮，打开其子菜单，如图 3.7.8 所示。

（12）在该菜单中选择“上弯弧”选项，将艺术字的大小设置为 80，并将其移至合适位置，如图 3.7.9 所示。

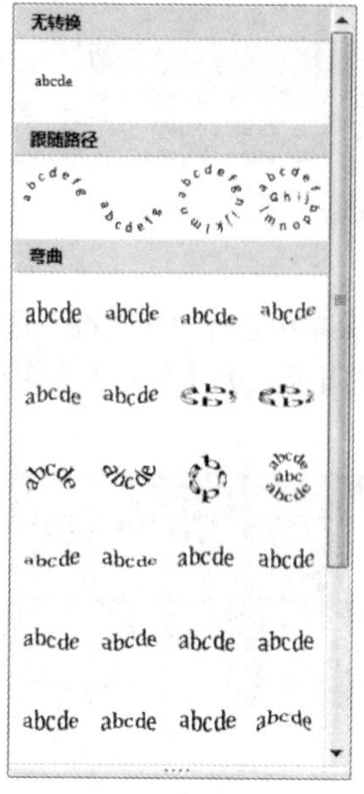

图 3.7.8 转换子菜单

图 3.7.9 调整艺术字

（13）重复步骤（8）～（12）的操作，在幻灯片中插入其他艺术字，如图 3.7.10 所示。

（14）在“插入”选项卡中的“插图”选项区中单击图片按钮，弹出“插入图片”对话框，在该对话框中选择需要的图片，单击插入(S)按钮，即可将其插入到幻灯片中。

（15）选中插入的图片，单击并拖动其任意一边上的控制点，将其调整至合适大小，并将其移至合适位置，如图 3.7.11 所示。

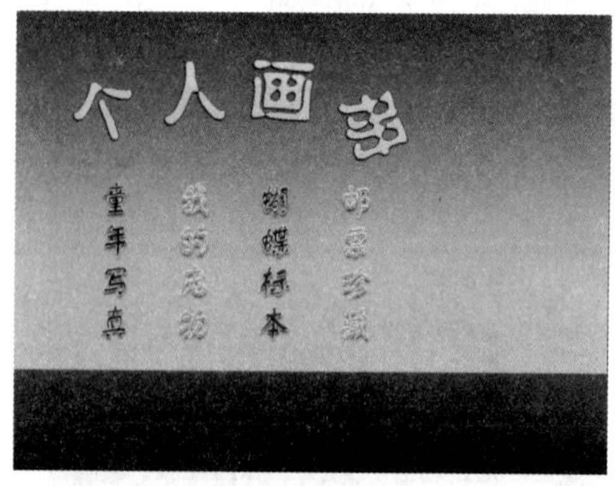

图 3.7.10 插入其他艺术字

图 3.7.11 插入图片

（16）重复步骤（8）～（12）的操作，在幻灯片中插入最后一个艺术字，并将其移至合适的位置，最终效果如图 3.7.1 所示。

小 结

本章主要介绍了插入与编辑图形文件、插入剪贴画、插入与编辑 SmartArt 图形、插入和编辑艺术字、表格和图表等。通过本章的学习，读者应学会在幻灯片中插入各种不同的图形对象，以使幻灯片的画面更加美观，内容更加丰富多彩。

过关练习三

一、填空题

1．在 PowerPoint 2007 中，用户可以在幻灯片中插入__________、__________、__________、__________、__________、__________和图表。

2．如果要用插入到幻灯片中的图片进行调整，可在__________上下文工具中选择相应的选项进行调整。

3．PowerPoint 2007 中的剪贴画包括__________、__________、__________、__________、__________、__________、__________、__________、__________、__________、__________及形状等图形类别。

二、选择题

1．下面可以对其进行重新着色的图片类型是（　）。

A．图元文件　　B．.jpg

C．.gif　　D．.png

2．绘制直线时按住“Shift”键，可以强制直线按照（　）的增量来绘制。

A．5°　　B．15°

C．30°　　D．45°

3．下面有关组合图形的描述正确的是（　）。

A．组合后的图形可以整体移动，但不能整体调整大小

B．可以单独设置组合图形的某个图形的填充效果及线条样式

C．可以调整组合图形中的某个图形的大小

D．组合的图形不能再与其他图形组合

三、问答题

1．如何在幻灯片中插入图片、剪贴画和艺术字？

2．如何在幻灯片中插入 SmartArt 图形？

3．如何在幻灯片中插入表格和图表？

四、上机操作题

1．在幻灯片中插入一个图片并对其进行编辑。

2．在幻灯片中插入一个 SmartArt 图形。

3．在幻灯片中插入表格和图表。

第 4 章　插入和编辑多媒体对象

在幻灯片中不仅可以插入各种图片和图形，还可以插入影片和声音、CD 音乐等。插入影片和声音的幻灯片会显得更加生动形象。我们可以在幻灯片中适当位置插入剪辑库中的音乐、声音或影片文件剪辑。这时的声音、音乐和影片文件是作为 PowerPoint 对象插入的，也可以将影片文件和音频文件作为媒体播放器对象插入，从而可以使用 Windows 的媒体播放器播放声音。本章主要介绍如何在幻灯片中插入声音、播放声音以及添加影片文件。

本章重点

（1）添加声音。

（2）播放声音。

（3）添加影片。

（4）录制声音。

4.1　添加声音

用户可以在幻灯片中添加声音，这些文件通常位于计算机、网络、Internet 或 Microsoft 剪辑管理器中，录制的语音旁白也可以添加到演示文稿中，增强幻灯片的感染力。在幻灯片中可以插入的声音文件类型包括.wav，.aif，.aiff，.aifc 和.au。

4.1.1　插入剪辑库声音

在前面的章节中已经提到，“剪辑库”管理器中除了剪贴画和图片以外，还包含了声音和影片剪辑，可供用户在幻灯片中使用。

使用剪辑管理器插入声音文件的具体操作步骤如下：

（1）打开需要插入声音文件的幻灯片。

（2）在“插入”选项卡中的“媒体剪辑”选项区中单击声音按钮，在弹出的下拉菜单中选择剪辑管理器中的声音(S)...选项，即可打开“剪贴画”任务窗格，如图 4.1.1 所示。在该窗格中列出了剪辑库中的所有声音文件。

（3）在列表框中，单击任意声音文件缩略图右侧的向下箭头，弹出“声音文件”下拉列表，如图 4.1.2 所示。

（4）在下拉列表中选择预览/属性(W)选项，弹出如图 4.1.3 所示的“预览/属性”对话框。在对话框中查看剪辑声音的属性及预听声音文件。

（5）预听声音文件。单击“标题”下方的“前一个”按钮<或“后一个”按钮>选择要预听的声音文件，然后单击“播放”按钮▶进行播放。单击“停止”按钮■可以停止播放。

（6）预听结束后，单击关闭(C)按钮，关闭“预览/属性”对话框。

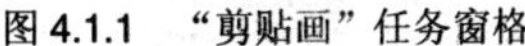

图 4.1.1　“剪贴画”任务窗格

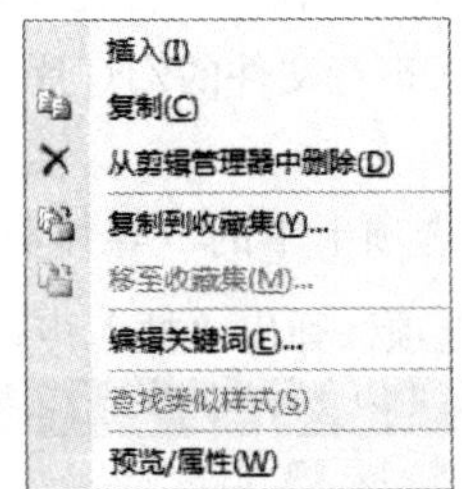

图 4.1.2　“声音文件”下拉列表

（7）对预听的声音剪辑满意后，单击该声音剪辑缩略图可直接将其插入到幻灯片中，并且自动弹出如图 4.1.4 所示的提示框，询问用户如何开始播放声音。

图 4.1.3　“预览/属性”对话框

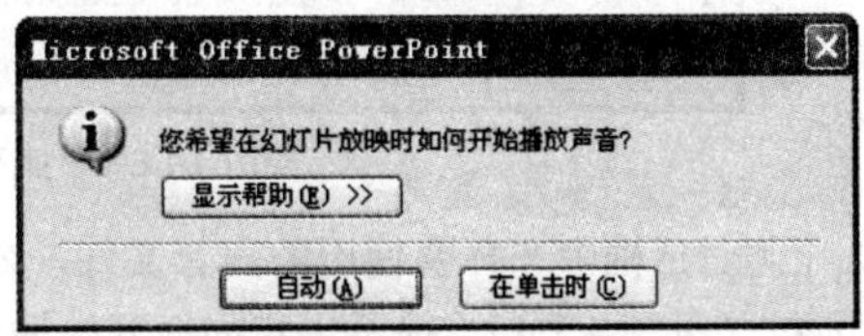

图 4.1.4　提示框

（8）若希望在幻灯片放映时自动播放声音文件，则单击 自动(A) 按钮；若希望在单击声音图标时开始播放声音文件，则单击 在单击时(C) 按钮；如果不想对其进行设置，则单击“关闭”按钮。

（9）完成设置之后，可以看到插入的声音文件以图标的形式出现在幻灯片中，如图 4.1.5 所示。可以像编辑其他对象一样，改变它的大小和位置。

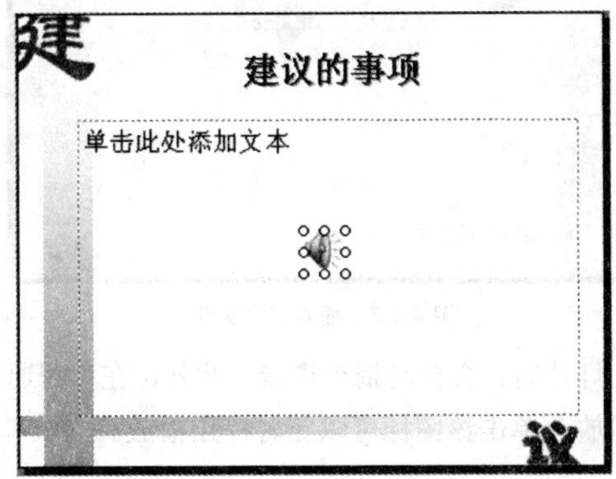

图 4.1.5　插入声音剪辑

4.1.2 插入声音文件

如果剪辑库中的声音不能满足要求，用户也可以插入其他来源的声音文件，如来自 CD-ROM 的声音文件或者从 Internet 上下载的声音文件等。插入外部来源声音文件的具体操作步骤如下：

（1）打开需要插入声音文件的幻灯片。

（2）在“插入”选项卡中的“媒体剪辑”选项区中单击 声音 按钮，在弹出的下拉菜单中选择 文件中的声音(F)... 选项，弹出“插入声音”对话框，如图 4.1.6 所示。

图 4.1.6 “插入声音”对话框

（3）在此对话框中选择要使用的声音文件，然后单击 确定 按钮或者直接双击该文件名，将弹出提示框（见图 4.1.4），提示用户如何开始播放声音文件。

（4）单击 自动(A) 按钮，在幻灯片中出现了另外一个声音图标，表示插入了另外一个声音文件，如图 4.1.7 所示。

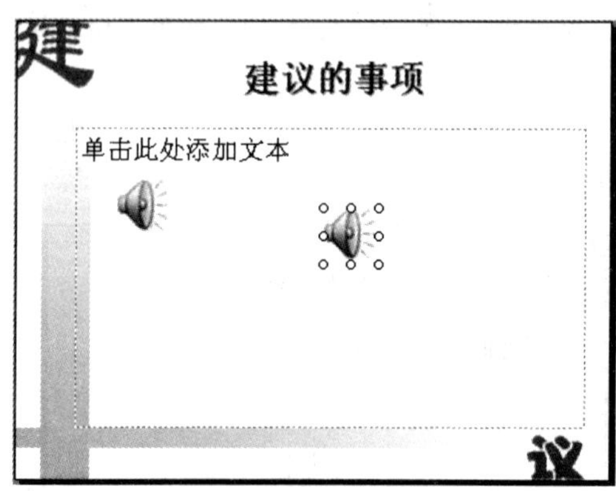

图 4.1.7 插入声音文件

插入的声音文件在放映幻灯片时，会自动播放声音。此外，在“普通”视图模式下，若想试听声音，可以双击声音图标开始播放，单击该图标可以随时停止播放。

4.1.3　播放 CD 音乐

在幻灯片中插入声音文件，需要占用非常大的存储空间，而且音效也不好。在 PowerPoint 2007 中可以直接插入和播放 CD 唱片。如果要在幻灯片中直接插入和播放 CD 就要求用户的计算机具有 CD-ROM 和在 Windows 下播放 CD 唱片的驱动程序，通过播放 CD 向演示文稿中添加音乐，但是这种声音文件不会添加到幻灯片中。

在幻灯片中插入 CD 乐曲，其具体操作步骤如下：

（1）打开要添加 CD 乐曲的幻灯片。

（2）在“插入”选项卡中的“媒体剪辑”选项区中单击 声音 按钮，在弹出的下拉菜单中选择 播放 CD 乐曲(C)... 选项，弹出“插入 CD 乐曲”对话框，如图 4.1.8 所示。

（3）在“剪辑选择”选项区中的“开始曲目”和“结束曲目”微调框中输入开始与结束的曲目编号。

（4）若要重复播放音乐，选中 ☑循环播放，直到停止(L) 复选框。

（5）单击“声音音量”右侧的“声音”按钮，从弹出的列表框中可以调节音量的大小。

（6）在“显示选项”区域选中 ☑幻灯片放映时隐藏声音图标(H) 复选框，可以在放映时隐藏声音图标。

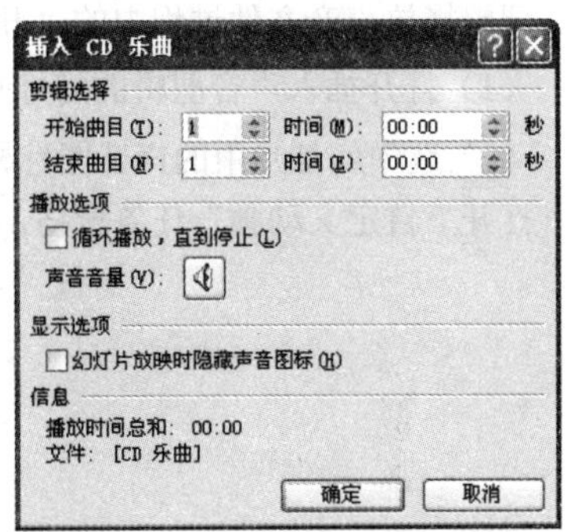

图 4.1.8　“插入 CD 乐曲”对话框

（7）单击 确定 按钮，此时将弹出提示对话框，提示是否在幻灯片放映时自动播放声音，还是在单击鼠标时播放声音。

（8）单击 自动(A) 按钮，即可在幻灯片中插入 CD 乐曲，效果如图 4.1.9 所示。

图 4.1.9　插入 CD 乐曲效果

提示 如果要在演示文稿播放期间同时播放 CD，要将 CD 插入到 CD-ROM 驱动器中；如果要更改曲目编号、开始和结束时间设置，用鼠标右键单击 CD 图标，从弹出的快捷菜单中选择 编辑声音对象(O) 命令，在弹出的“声音选项”对话框中进行设置。

4.2 播放声音

当计算机中配有扬声器和声卡时，才可以播放插入的声音。用户可以在“控制面板”中查看已安装的设备和所有的设置，也可以检查多媒体和声音设置。

在幻灯片中插入多媒体效果的声音文件，可以通过一些特定的设置，使其在播放过程中有更好的效果，本节主要介绍设置播放起止时间、控制声音长度、鼠标移过播放声音，以及播放录制的声音等内容。

4.2.1 设置播放起止时间

调整播放声音文件过程中的“开始”和“停止”时间，其具体操作步骤如下：

（1）打开插入声音剪辑的幻灯片。

（2）选中幻灯片中的声音图标，在“动画”选项卡中的“动画”选项区中单击自定义动画按钮，打开“自定义动画”任务窗格，如图 4.2.1 所示。

图 4.2.1 “自定义动画”任务窗格

（3）用鼠标单击插入的声音文件右侧的下拉按钮，弹出其下拉菜单，如图 4.2.2 所示。

（4）从下拉菜单中选择效果选项(E)...命令，弹出“播放声音”对话框，如图 4.2.3 所示。

（5）在“开始播放”选项组中根据需要设置声音的开始播放时间。

1）选中从头开始(B)单选按钮，可以将幻灯片中插入的声音设置为从声音的开头进行播放。

2）选中从上一位置(L)单选按钮，可以将幻灯片中插入的声音设置为从上次停止播放的地方开始播放。

3）选中开始时间(M):单选按钮，然后在后面的微调框中输入或者选择一个时间值，可以将幻灯片中插入的声音设置为在具体指定的时间间隔后进行播放。

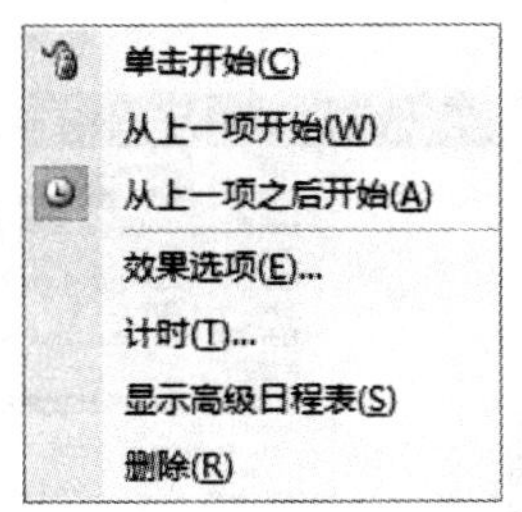

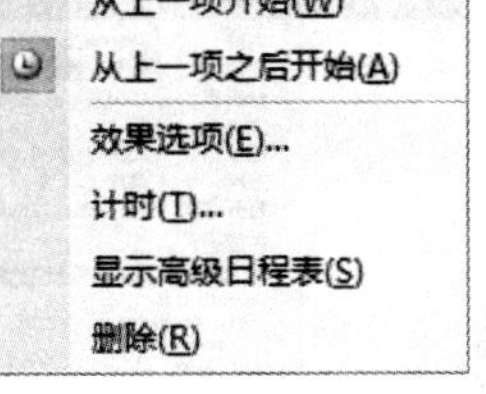

图 4.2.2　下拉菜单

图 4.2.3　“播放声音”对话框

（6）在“停止播放”选项组中，根据需要设置声音的停止播放时间。

1）如果要用鼠标单击幻灯片时停止播放声音，选中 单击时(K) 单选按钮，此项也是默认选项。

2）如果要在此幻灯片之后停止播放声音，选中 当前幻灯片之后(C) 单选按钮。

3）如果要在多张幻灯片中播放此声音文件，选中 在(F): 单选按钮，然后在其后的微调框中输入幻灯片的总数。

（7）设置完成后单击 确定 按钮，声音文件即按设置的方式来开始和停止播放。

4.2.2　控制声音长度

如果要在幻灯片播放的过程中，一直播放一首乐曲，可是这个乐曲的长度不足，此时可以对其进行如下设置：

（1）打开需要连续播放乐曲的幻灯片。

（2）选中幻灯片中的声音图标，在“声音工具”上下文工具中的“选项”选项卡中的“声音选项”选项区中选中 循环播放，直到停止 复选框，即可在幻灯片中连续播放一首歌曲。

4.3　添加影片

在幻灯片中可以用一块区域来插入影片，影片的片段有两种：一种是剪辑库中的影片；一种是来自文件的影片。而 PowerPoint 2007 所支持的影片文件格式为：.avi，.mlv，.cda，.dat，.mov 和.mpe。

4.3.1　插入影片剪辑

在“剪辑管理器”中有许多可供使用的剪辑影片，它们多数是一些简单的动画，出于对存储空间的考虑，这些动画的动作时间比较短。插入剪辑影片的具体操作步骤如下：

（1）打开需要插入剪辑影片的幻灯片。

（2）在“插入”选项卡中的“媒体剪辑”选项区中单击 影片 按钮，从弹出的下拉菜单中选择 剪辑管理器中的影片(M)... 选项，即可打开“剪贴画”任务窗格，在该任务窗格下方的列表中列出了剪辑库中所有的剪辑影片，如图 4.3.1 所示。

（3）将鼠标指针指向选择的剪辑影片上，将在影片的右侧显示一个向下箭头，单击该箭头，弹出其下拉菜单。

（4）在下拉菜单中选择 预览/属性(W) 命令，弹出如图 4.3.2 所示的“预览/属性”对话框。

图 4.3.1 “剪贴画”任务窗格

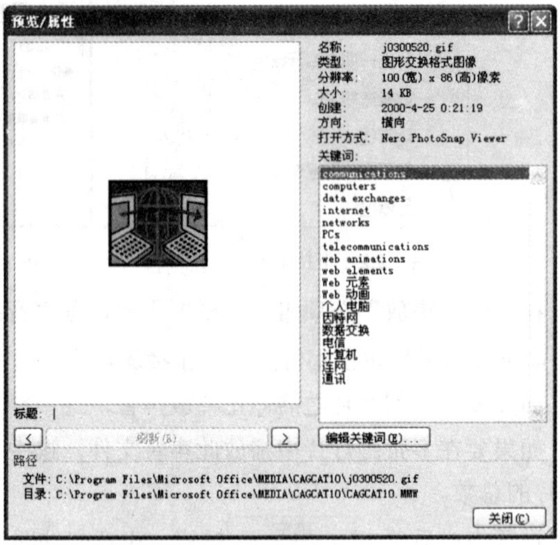

图 4.3.2 “预览/属性”对话框

（5）在此对话框中可以预览选择的剪辑影片。如果对该影片不满意，还可以单击“标题”下方的“下一个”按钮 > 或“上一个”按钮 < 重新选择需要的影片。

（6）单击 编辑关键词(E)... 按钮，弹出如图 4.3.3 所示的“关键词”对话框。在该对话框的“标题”列表框中可以修改剪辑影片的名称。

图 4.3.3 “关键词”对话框

（7）修改完成后，单击 应用(L) 按钮，再次单击 确定 按钮将返回到“预览/属性”对话框中。

（8）单击 关闭(C) 按钮，然后再单击预览后的剪辑影片将其插入到当前幻灯片中，如图 4.3.4 所示。

（9）插入的剪辑影片周围出现 8 个控制点，用鼠标拖动这些控制点可以调整影片对象的大小；将鼠标指针指向影片，然后按住鼠标左键并拖动可以调整影片的位置。

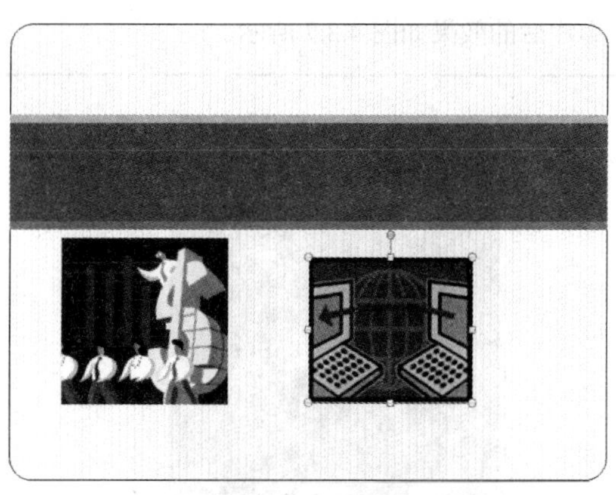

图 4.3.4 插入剪辑影片

提示 在插入影片时，如果选择的是.avi 格式的影片文件，可弹出一个如图 4.3.5 所示的提示框，提示用户如何开始播放影片，用户根据需要单击相应的按钮即可。

图 4.3.5 提示框

4.3.2 插入影片文件

除了可以插入剪辑管理器中的影片文件外，用户还可以插入来自文件的影片。插入来自文件的影片，其具体操作步骤如下：

（1）打开要插入影片的幻灯片。

（2）在“插入”选项卡中的“媒体剪辑”选项区中单击 影片 按钮，从弹出的下拉菜单中选择 文件中的影片(F)... 选项，弹出“插入影片”对话框，如图 4.3.6 所示。

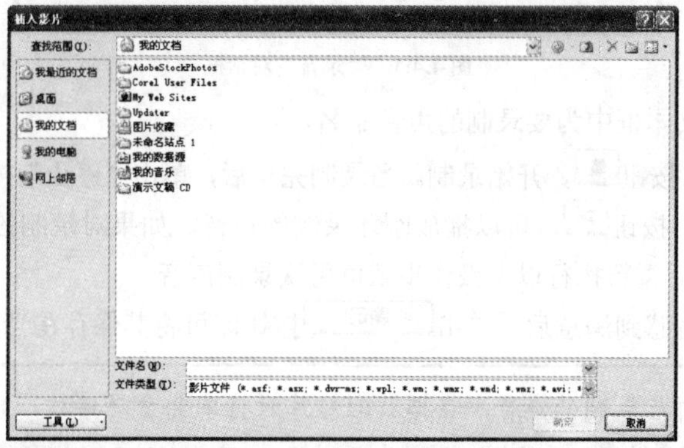

图 4.3.6 “插入影片”对话框

（3）在 查找范围(I): 下拉列表框中选择需要插入的影片，然后单击 确定 按钮。

（4）在幻灯片中插入影片后的效果如图 4.3.7 所示。

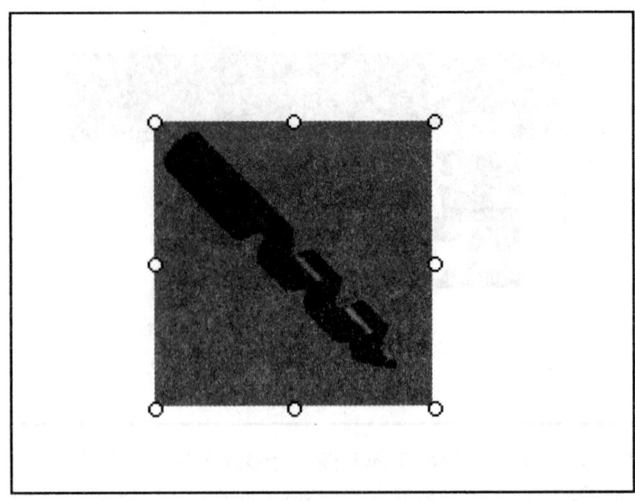

图 4.3.7　插入来自文件的影片

4.4　录制声音

利用录制声音功能，可以向幻灯片中添加自己的声音。若要录制和收听声音或注释，则要求用户的计算机有声卡、话筒和扬声器。在幻灯片中录制声音的具体操作步骤如下：

（1）选中要录制声音的幻灯片。

（2）单击声音按钮，从弹出的下拉菜单中选择录制声音(R)...选项，弹出“录音”对话框，如图 4.4.1 所示。

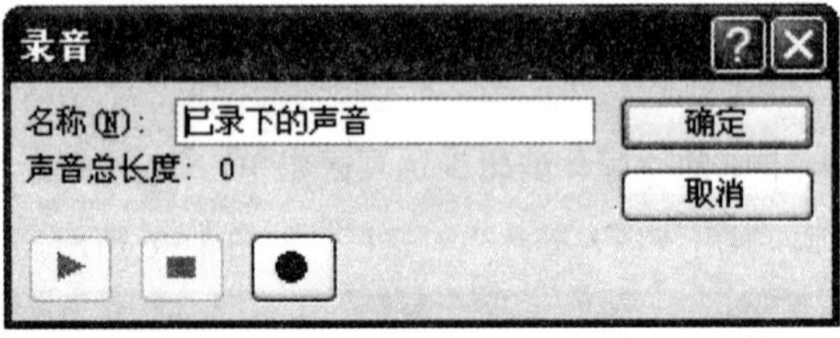

图 4.4.1　“录音”对话框

（3）在“名称”文本框中为要录制的声音命名。

（4）单击“录制”按钮●，开始录制。当录制完毕后，单击“停止”按钮■，即可停止录制。

（5）单击“播放”按钮▶，可以播放刚才录制的声音。如果对录制的声音效果不满意，则单击取消按钮，然后重新执行以上操作步骤可再次录制声音。

（6）对录制的声音感到满意后，单击确定按钮即可将其保存在当前幻灯片中。

注意　对于自己录制的声音，在播放幻灯片时将不会自动播放，只有单击它的图标后才可播放。

4.5　典型实例——制作圣诞贺卡

结合前两章的介绍，运用 PowerPoint 2007 在幻灯片中插入图片和音乐，制作圣诞贺卡，效果如图 4.5.1 所示。

图 4.5.1　效果图

创作步骤

（1）启动 PowerPoint 2007 应用程序，创建一个空白幻灯片。

（2）在“设计”选项卡中的“背景”选项区中单击 背景样式 按钮，从弹出的下拉菜单中选择 设置背景格式(B)... 选项，弹出“设置背景格式”对话框，如图 4.5.2 所示。

（3）选中 ⊙ 图片或纹理填充(P) 单选按钮，在“插入自”选项区中单击 文件(F)... 按钮，弹出“插入图片”对话框，如图 4.5.3 所示。

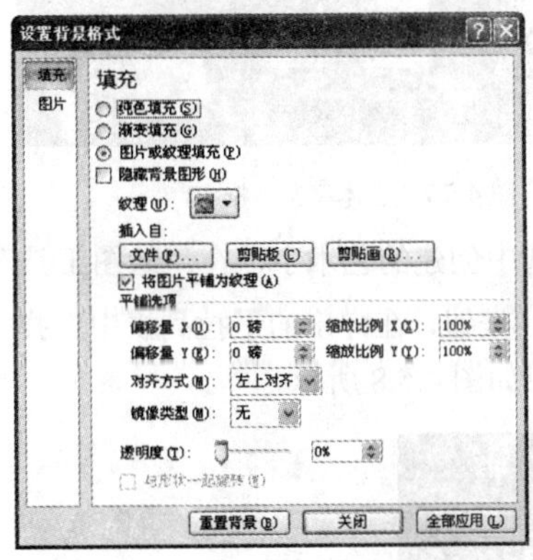

图 4.5.2　“设置背景格式”对话框

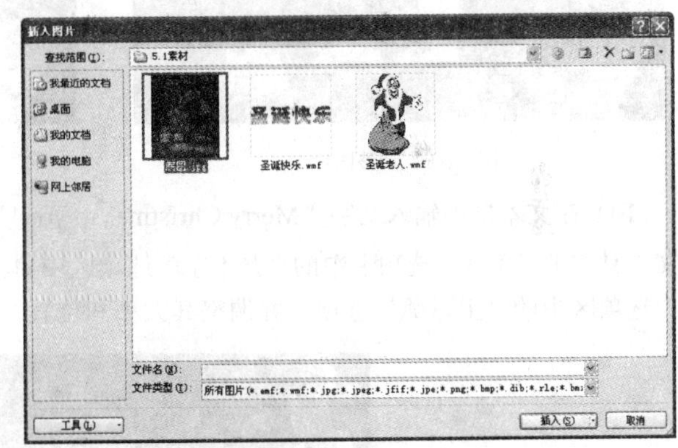

图 4.5.3　“插入图片”对话框

（4）在该对话框中选择需要的图片，单击 插入(S) 按钮，即可将其作为背景格式插入到幻灯片中，如图 4.5.4 所示。

（5）将幻灯片中的占位符选中并按“Delete”键删除。

（6）在“插入”选项卡中的“插图”选项区中单击 图片 按钮，在弹出的“插入图片”对话框中选择一幅圣诞老人的图片并将其插入到幻灯片中。

（7）调整圣诞老人图片至合适大小，并将其放置于合适位置，效果如图 4.5.5 所示。

图 4.5.4　设置幻灯片背景

图 4.5.5　调整图片大小及位置

（8）重复步骤（6）～（7）的操作，在幻灯片中插入其他几张图片。分别调整其角度和大小，并将其置于合适位置，效果如图 4.5.6 所示。

（9）在“插入”选项卡中的“文字”选项区中单击艺术字按钮，在弹出的下拉列表中选择合适的艺术字样式，单击鼠标，即可在幻灯片中插入一个艺术字文本框，如图 4.5.7 所示。

图 4.5.6　调整图片

图 4.5.7　艺术字文本框

（10）在文本框中输入文字“Merry Christmas to you！”。选中创建的艺术字，在“绘图工具”上下文工具中的“格式”选项卡中的“艺术字”选项区中单击按钮，在弹出的下拉列表中选择“转换”选项区中的“上弯弧”选项，并调整其大小和位置，效果如图 4.5.8 所示。

图 4.5.8　插入艺术字

（11）在“插入”选项卡中的“媒体剪辑”选项区中单击 声音 按钮，从弹出的下拉菜单中选择 文件中的声音(F)... 选项，在弹出的“插入声音”对话框中选择合适的声音将其插入到幻灯片中。

（12）至此，该贺卡已制作完成，按 F5 键进行预览，最终效果如图 4.5.1 所示。

小　　结

本章主要介绍了添加声音、播放声音、添加影片以及录制声音。通过本章的学习，读者应学会在幻灯片中添加声音、影片，并能根据需要录制声音。

过关练习四

一、填空题

1. 在幻灯片中可以插入的声音文件类型包括__________、__________、__________、__________和__________。

2. 在 PowerPoint 2007 中，用户可以插入__________和__________中的声音。

3. PowerPoint 2007 所支持的影片文件格式为：__________、__________、__________、__________、__________和.mpe。

二、选择题

1. 将声音插入到幻灯片中之后，用户可以采用（　）方式进行触发。

A. 从头开始　　B. 从上一位置

C. 设置开始位置　　D. 全选

2. 在 PowerPoint 2007 中，用户可以使用（　）方式插入影片。

A. 剪贴库中的影片　　B. 来自文件的影片

C. 来自 CD 的影片　　D. 来自 DVD 的影片

3. 在 PowerPoint 2007 中，若要录制和收听声音或注释，则要求用户的计算机有（　）。

A. 声卡　　B. 话筒

C. 扬声器　　D. 全选

三、问答题

1. 如何在幻灯片中添加声音？

2. 如何控制幻灯片中的声音一直播放？

3. 如何录制声音？

四、上机操作题

1. 利用插入音乐的方法，在新建的幻灯片中插入音乐，并设置在单击鼠标时播放音乐。

2. 利用插入影片的方法，在新建的幻灯片中插入影片，并设置在播放幻灯片后延迟两秒钟才播放影片。

第 5 章　设置演示文稿外观

为了制作出一个精美的演示文稿，在演示文稿制作完成后，还必须对其外观进行美化和编辑，也就是修改演示文稿的版式、设计模板、配色方案、幻灯片背景和母版等。

本章重点

（1）更改幻灯片版式。

（2）应用主题。

（3）设置幻灯片背景。

（4）应用母版。

5.1　更改幻灯片版式

版式是指幻灯片内容在幻灯片上的排列方式。版式由占位符组成，并且占位符可放置文字和幻灯片内容。要更换幻灯片的版式，其具体操作步骤如下：

（1）选定演示文稿中要更换版式的幻灯片。

（2）在“开始”选项卡中的“幻灯片”选项区中单击版式按钮，弹出其下拉列表，如图 5.1.1 所示。

（3）在要使用的版式上单击鼠标左键，即可将其应用到所选幻灯片中，如图 5.1.2 所示为将版式更改为两栏内容后的效果。

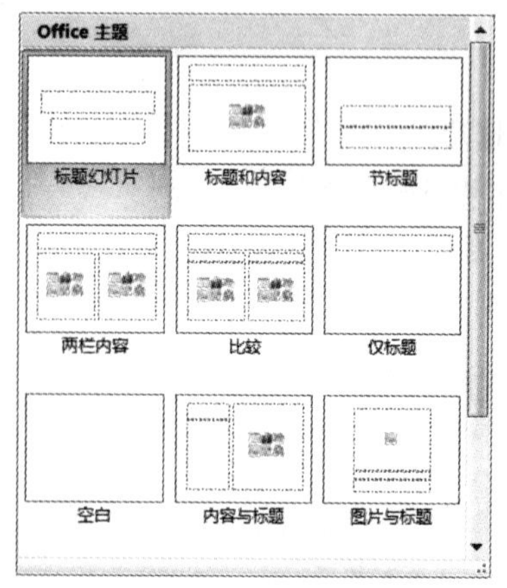

图 5.1.1　版式下拉列表

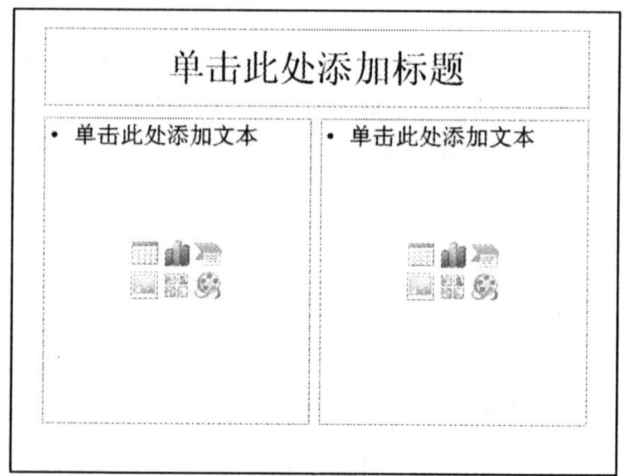

图 5.1.2　更改版式

5.2　应用主题

文档主题是一套统一的设计元素和配色方案，是为文档提供的一套完整的格式集合。其中包括主题颜色（配色方案的集合）、主题文字（标题文字和正文文字的格式集合）和相关主题效果（如线条

或填充效果的格式集合）。利用文档主题，可以非常容易地创建具有专业水准、设计精美、美观时尚的文档。

5.2.1　使用系统预设主题

PowerPoint 2007 自带了多种预设主题，用户在创建演示文稿的过程中，可以直接使用这些主题创建演示文稿。PowerPoint 2007 新添加了 4 种特色主题，分别为暗香扑面、凤舞九天、龙腾四海和行云流水。其中：

暗香扑面：以乌黑色和中国独特的扇面书画为背景，整个主题给人以古朴、清新之感。

凤舞九天：以水色和中国民间被誉为百鸟之王的凤凰为背景，整个主题给人以粗犷、奔放、生机勃勃之感。

龙腾四海：以淡蓝色和中华民族的图腾——“龙”为背景，整个主题给人以无限的遐想空间。

行云流水：以缁色和中国书法为背景，整个主题给人以曲波微澜之美。

这四种特色主题的效果如图 5.2.1 所示。

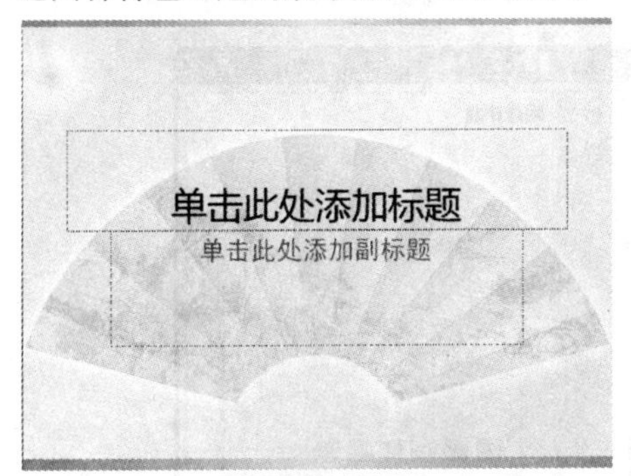

暗香扑面

凤舞九天

龙腾四海

行云流水

图 5.2.1　PowerPoint 2007 特色主题

1．新建幻灯片时应用主题

创建新幻灯片时，用户可以直接使用系统预设的主题，以创建具有某种风格的幻灯片，其具体操作步骤如下：

（1）选择 → 新建(N) 命令，弹出“新建演示文稿”对话框，如图 5.2.2 所示。

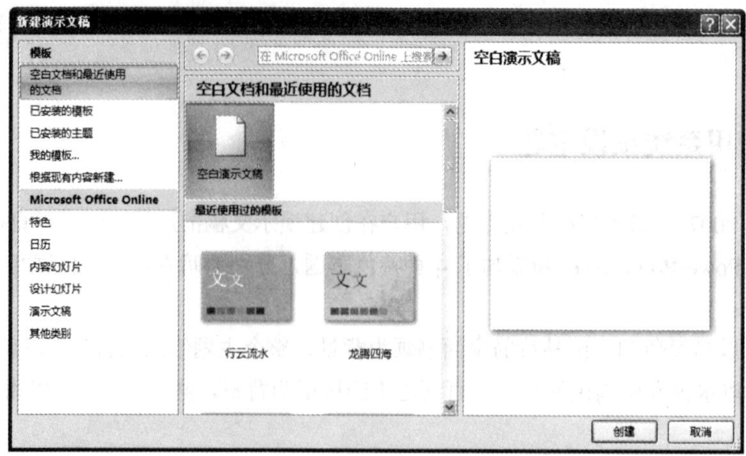

图 5.2.2 “新建演示文稿”对话框

（2）单击已安装的主题标签，打开“已安装的主题”选项卡，如图 5.2.3 所示，该选项卡中列出了系统已安装的主题。

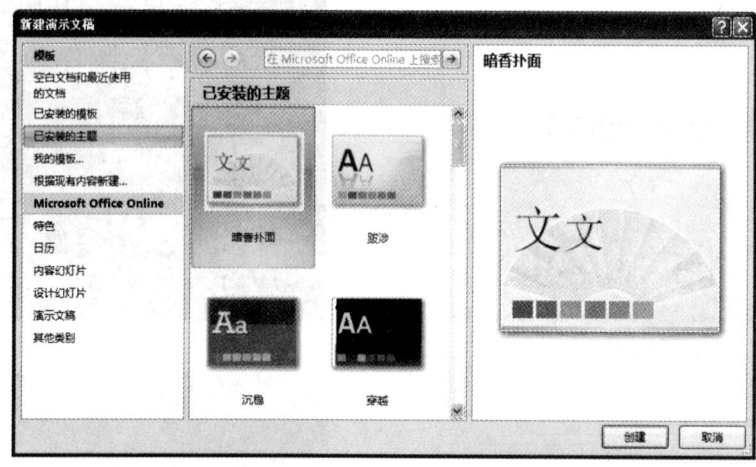

图 5.2.3 “已安装的主题”选项卡

（3）在该主题列表框中选择要使用的主题，单击创建按钮，即可依据该主题创建幻灯片，如图 5.2.4 所示。

图 5.2.4 创建的幻灯片

2. 更改当前幻灯片的主题

如果要更改当前幻灯片的主题，可按照以下步骤进行操作：

（1）在“设计”选项卡中的“主题”选项区中单击按钮，弹出其下拉列表，如图 5.2.5 所示。

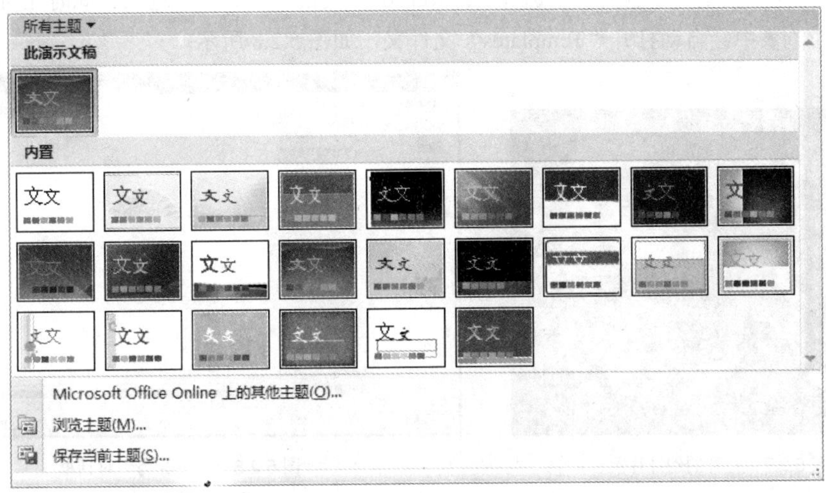

图 5.2.5　主题下拉列表

（2）在该列表中选择要使用的主题，即可更改当前幻灯片的主题，如图 5.2.6 所示。

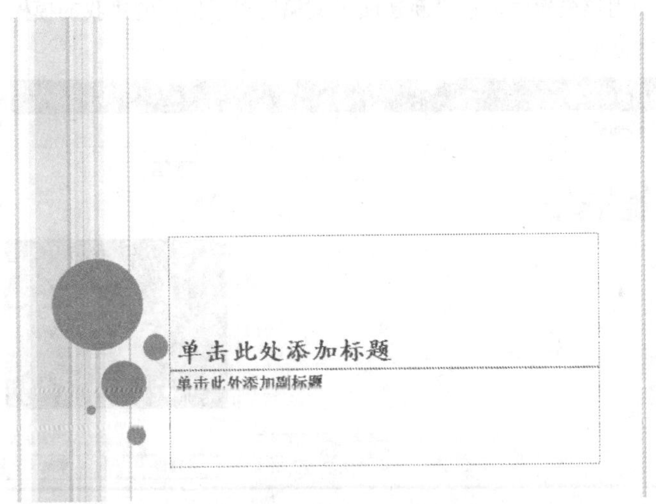

图 5.2.6　更改后的主题

5.2.2　自定义主题

如果 PowerPoint 2007 应用程序自带的主题不能满足用户的要求，或者在创建演示文稿时，用户喜欢使用自己设计的主题，那么用户可以将自己的幻灯片主题添加到“我的模板”对话框中，这时用户可以在制作演示文稿时，使用自己设计的主题。自定义主题，其具体操作步骤如下：

（1）新建或打开已有幻灯片，如图 5.2.7 所示。

（2）选择→另存为(A)命令，在弹出的下拉列表中选择其他格式(O)选项，弹出“另存为”对话框。

（3）在“保存类型”下拉列表中选择“PowerPoint 模板（*.potx）”选项，此时在对话框的“保存位置”下拉列表中会自动打开“Templates”文件夹，如图 5.2.8 所示。

图 5.2.7　打开的幻灯片

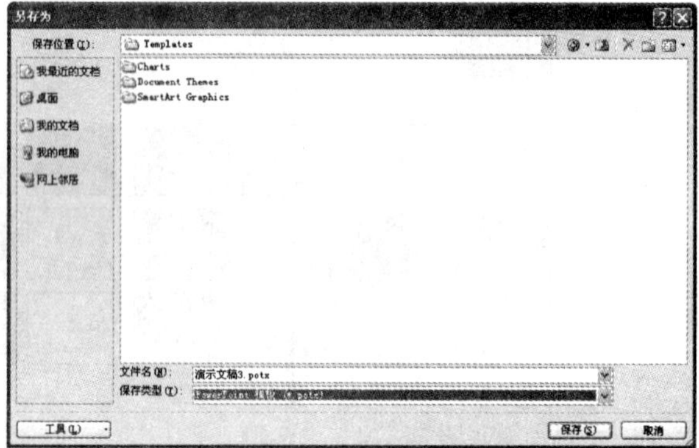

图 5.2.8　“另存为”对话框

（4）在“文件名”文本框中输入设计模板的名称，单击保存(S)按钮，打开的幻灯片将被添加到模板中。

（5）当用户要使用该模板时，在“新建演示文稿”对话框中的“我的模板”选项卡中即可看到添加的模板，如图 5.2.9 所示。

图 5.2.9　“我的模板”选项卡

（6）选择新添加的模板，单击确定按钮即可。

5.3　设置幻灯片背景

在 PowerPoint 2007 中，应用设计模板时可以自动给幻灯片添加预设的背景。用户可以根据需要任意设置背景颜色、填充效果等。幻灯片背景可以是简单的颜色、纹理和填充效果，也可以是具有图案效果的图片文件。

5.3.1　设置背景颜色

如果要使用某种颜色作为幻灯片背景，可按照以下操作步骤进行：

（1）在“设计”选项卡中的“背景”选项区中单击“背景样式”按钮，弹出其下拉列表，如图 5.3.1 所示。

（2）在该列表中选择任意一种颜色，即可将其作为幻灯片背景应用到当前幻灯片中，如图 5.3.2 所示。

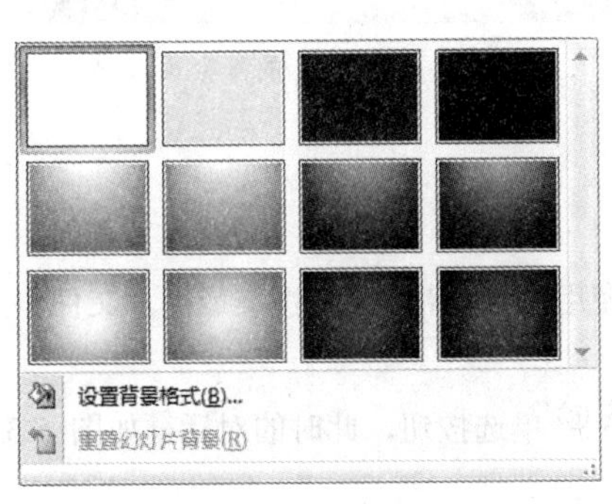

图 5.3.1　背景样式下拉列表

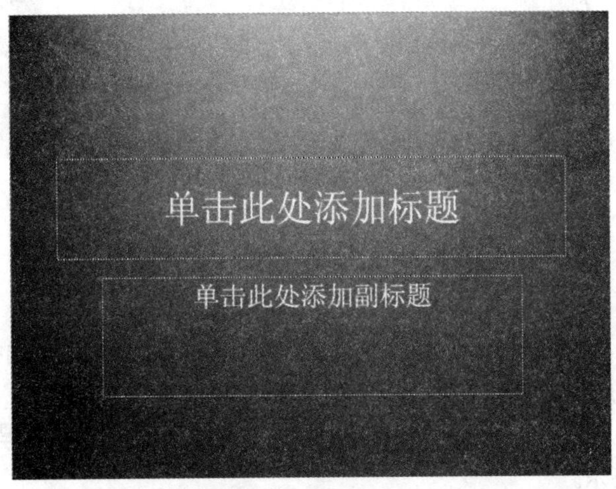

图 5.3.2　填充背景

（3）如果用户要使用其他颜色作为背景色，可在背景样式下拉列表中选择“设置背景格式(B)...”选项，弹出“设置背景格式”对话框。

（4）选中“纯色填充(S)”单选按钮，此时的对话框如图 5.3.3 所示。单击“颜色”右侧的按钮，在弹出的颜色列表中选择一种颜色，即可使用该颜色作为背景色。

（5）选中“渐变填充(G)”单选按钮，此时的对话框如图 5.3.4 所示。单击“预设颜色”右侧的按钮，在弹出的颜色列表中选择一种选项作为背景色，此时的幻灯片如图 5.3.5 所示。

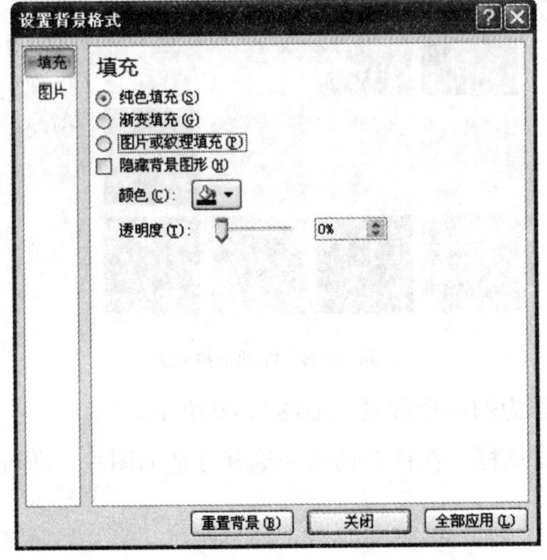

图 5.3.3　选中“纯色填充”时的对话框

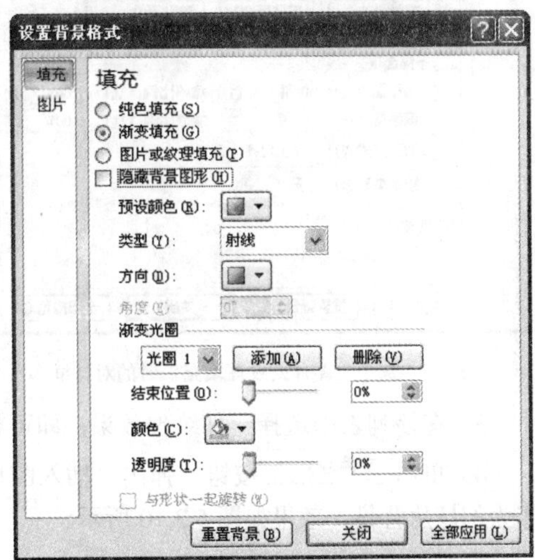

图 5.3.4　选中“渐变填充”时的对话框

（6）选择该选项时，还可以在类型、方向、渐变光圈、结束位置、颜色以及透明度选项区中对渐变填充的效果进行设置，如图 5.3.6 所示即为更改设置后的幻灯片背景。

图 5.3.5　应用渐变填充后的背景

图 5.3.6　更改设置后的背景

5.3.2　设置填充效果

当用户使用颜色填充背景感到简单和单调时，可以选择使用系统自带纹理、图案或图片文件作为幻灯片的填充效果。设置填充效果的具体操作步骤如下：

（1）在“设置背景格式”对话框中选中 ◉ 图片或纹理填充(P) 单选按钮，此时的对话框如图 5.3.7 所示。

（2）单击“纹理”右侧的按钮，弹出其下拉列表，如图 5.3.8 所示。

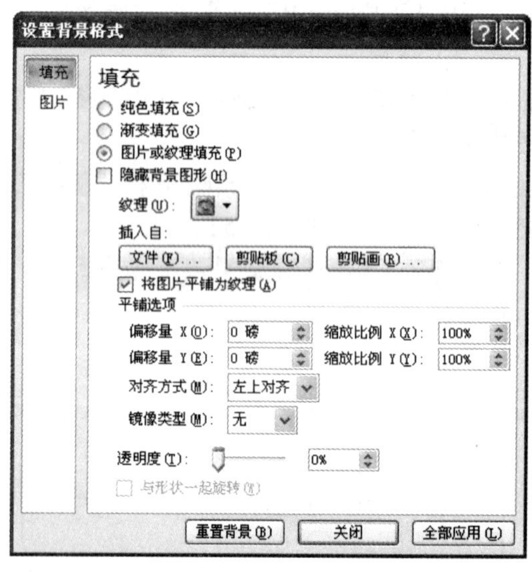

图 5.3.7　选中“图片或纹理填充”时的对话框

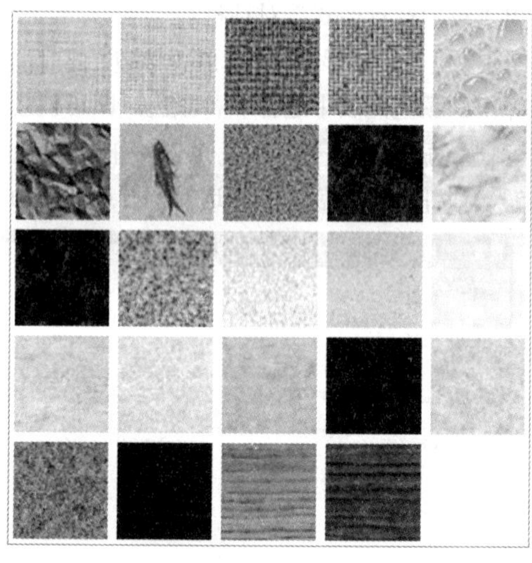

图 5.3.8　纹理下拉列表

（3）在该列表中选择一种纹理效果，即可将其作为幻灯片背景，如图 5.3.9 所示。

（4）单击 文件(F)... 按钮，弹出“插入图片”对话框，在该对话框中选择合适的图片，即可将其作为幻灯片背景，效果如图 5.3.10 所示。

图 5.3.9　纹理填充效果

图 5.3.10　图片填充效果

（5）单击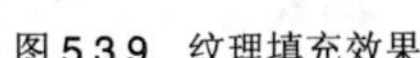按钮，弹出“选择图片”对话框，如图 5.3.11 所示。在该对话框中选择合适的剪贴画，即可将其作为幻灯片背景，如图 5.3.12 所示。

图 5.3.11　“选择图片”对话框

图 5.3.12　剪贴画填充效果

5.4　应用母版

母版是定义演示文稿中所有幻灯片或页面格式的幻灯片视图或页面。每个演示文稿的每个关键组件（幻灯片、标题幻灯片、演讲者备注和听众讲义）都有一个母版。在幻灯片中通过定义母版的格式，来统一演示文稿中使用此母版的幻灯片的外观。可以在母版中插入文本、图形、表格等对象，并设置母版中对象的多种效果，这些插入的对象和添加的效果将显示在使用该母版的所有幻灯片中。

在 PowerPoint 2007 中有 3 个主要母板，它们分别是幻灯片母版、讲义母版及备注母版，可以用它们来制作统一标志和背景的内容，设置标题和文字的格式。

5.4.1　幻灯片母版

一套完整的演示文稿包括标题幻灯片和普通幻灯片，因此幻灯片母版也包括标题幻灯片母版和普通幻灯片母版两类，并且标题幻灯片所应用的设计模板样式和普通幻灯片通常是不一样的。

1. 应用幻灯片母版

幻灯片母版决定着幻灯片的外观，设置幻灯片母版的具体操作步骤如下：

（1）选中应用相同主题幻灯片组中的任意一个幻灯片。

（2）在“视图”选项卡中的“演示文稿视图”选项区中单击 幻灯片母版 按钮，即可切换到“幻灯片母版”视图，如图 5.4.1 所示。

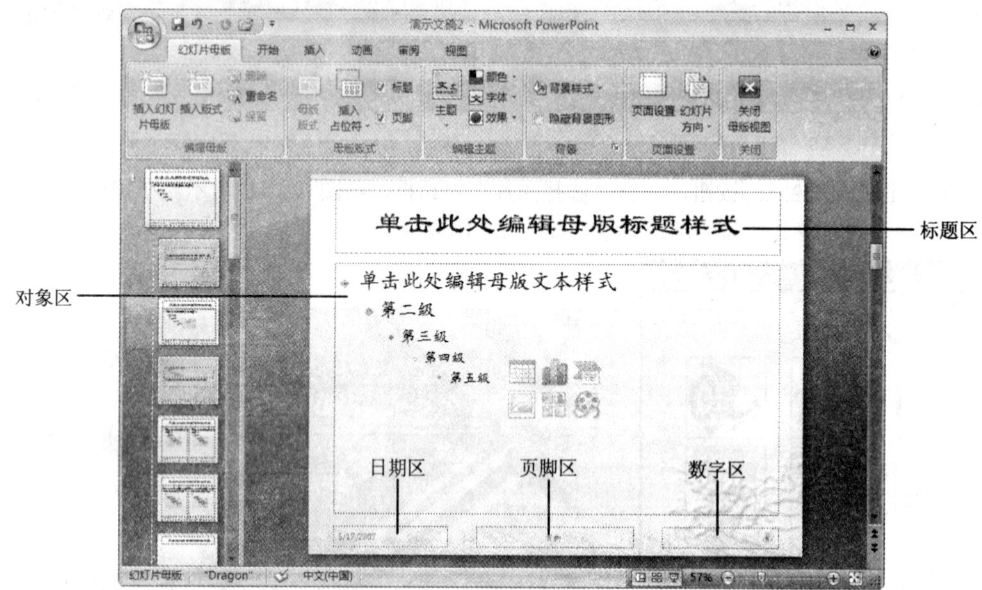

图 5.4.1　幻灯片母版视图

（3）此时，系统将自动打开“幻灯片母版”选项卡。在母版编辑状态下，系统提供了多种幻灯片版式，但只有前 3 个版式可供用户选择。当用户将鼠标指针置于幻灯片版式附近时，可以查看该版式可供第 1 张还是第 2 张幻灯片使用。

（4）幻灯片母版中各部分的功能如表 5.1 所示。

表 5.1　幻灯片母版中各占位符的功能

区　域	功　能
标题区	设置演示文稿中所有幻灯片标题文字的格式、位置和大小
对象区	设置幻灯片所有对象的文字格式、位置和大小，以及项目符号的风格
日期区	为演示文稿中的每一张幻灯片自动添加日期，并决定日期的位置、文字的大小和字体
页脚区	为演示文稿中的每一张幻灯片添加页脚，并决定页脚文字的位置、大小和字体
数字区	为演示文稿中的每一张幻灯片自动添加序号，并决定序号的位置、文字的大小和字体

2. 编辑幻灯片母版

如果用户要对幻灯片母版进行编辑，可分别对标题幻灯片和标题内容幻灯片进行编辑，其编辑方法基本相同。下面就以标题幻灯片为例，介绍母版的编辑方法，具体操作步骤如下：

（1）选中标题幻灯片，如果要对其版式进行调整，可对“幻灯片母版”选项卡中的“母版版式”选项区进行设置。单击 插入占位符 按钮，弹出其下拉列表，如图 5.4.2 所示。用户可在该列表中选择一种版

式并将其插入到母版中。

（2）如果用户要更改幻灯片主题，在“编辑主题”选项区中单击主题按钮，在弹出的下拉列表中选择合适的主题并将其应用到母版中。选择好主题后，可分别单击颜色、字体和效果按钮对主题的效果进行设置。

（3）如果要更改幻灯片的背景，在“背景”选项区中单击背景样式按钮，弹出其下拉列表，如图 5.4.3 所示。用户既可以直接选择系统预设的背景，也可以单击设置背景格式(B)...按钮，从弹出的对话框中对背景格式进行设置。

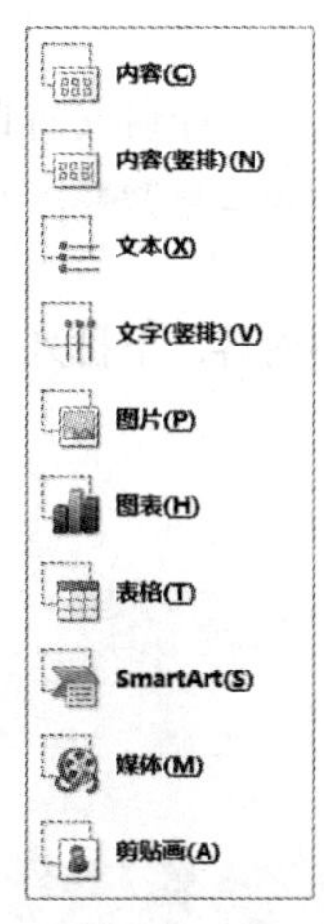

图 5.4.2　插入占位符下拉列表

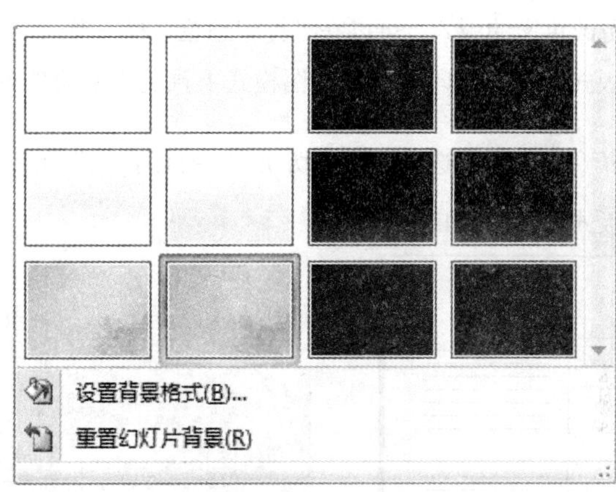

图 5.4.3　背景样式下拉列表

（4）添加页脚内容。在母版视图中显示的“页脚区”“日期区”和“数字区”中分别输入相应的内容即可。

（5）设置完成之后，单击关闭母版视图按钮，可以切换至幻灯片的普通视图模式下，效果如图 5.4.4 所示。

图 5.4.4　更改母版后的幻灯片

5.4.2 讲义母版

讲义母版是为了设置讲义的格式，而讲义一般是用来打印的，所以讲义母版的设置与打印页面相关。

1. 关于讲义

用户可以按讲义的格式打印演示文稿（每个页面可以包含一、二、三、四、六或九张幻灯片），该讲义可供听众在以后的会议中使用。如图 5.4.5 所示即为每页有 3 张幻灯片的讲义，其中包含听众填写备注所用的空行。

如果要更改讲义的版式，可以在“打印预览”视图模式下进行，也可以在打印讲义时直接选择要打印讲义的版式。在“打印预览”视图模式下预览讲义的外观，可以选择→命令，在其下拉菜单中选择选项，即可切换到“打印预览”视图下。在“打印内容”下拉列表中选择要预览讲义的版式，如图 5.4.6 所示。

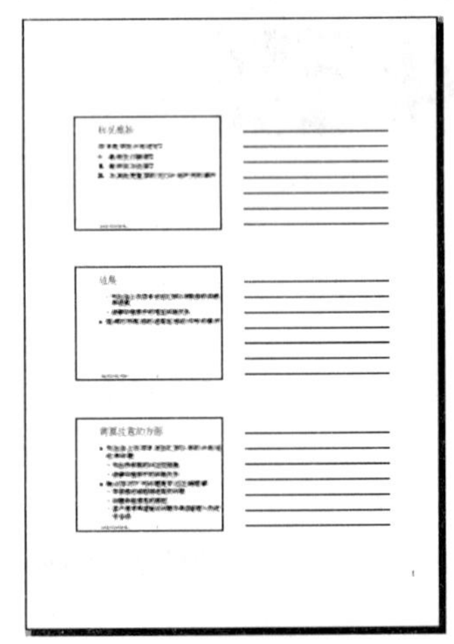

图 5.4.5　讲义页面

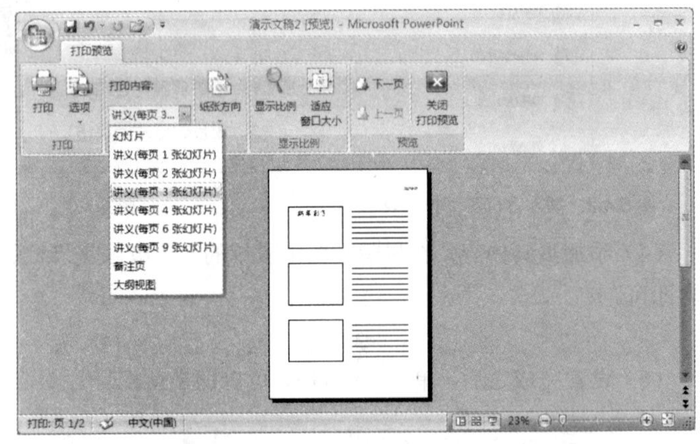

图 5.4.6　打印预览窗口

2. 编辑讲义母版

对讲义母版所做的更改可能包含重新定位、调整大小或设置页眉和页脚占位符的格式，并且对其所做的任何更改在打印大纲时都会显示出来。编辑讲义母版的具体操作步骤如下：

（1）在“视图”选项卡中的“演示文稿视图”选项区中单击按钮，切换到讲义母版视图，如图 5.4.7 所示。

（2）在讲义母版视图中，要设置每页打印幻灯片的张数和位置，可在“页面设置”选项区中单击按钮，在弹出的下拉列表中选择幻灯片的张数和位置。

（3）在页眉和页脚区分别输入页眉和页脚内容。设置讲义页眉和页脚占位符的属性与在幻灯片中设置占位符属性的方法类似，包括移动位置、调整大小及设置文字外观等。

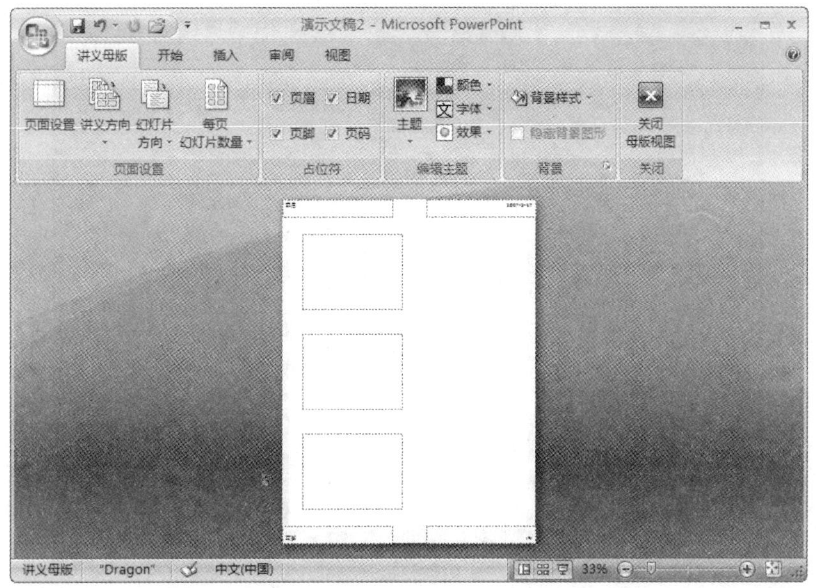

图 5.4.7　讲义母版视图

（4）设置讲义背景。在“背景”选项卡中单击“背景样式”按钮，弹出其下拉列表，如图 5.4.8 所示。用户既可以直接选择系统预设的背景，也可以单击“设置背景格式(B)...”按钮，从弹出的对话框中对背景格式进行设置。

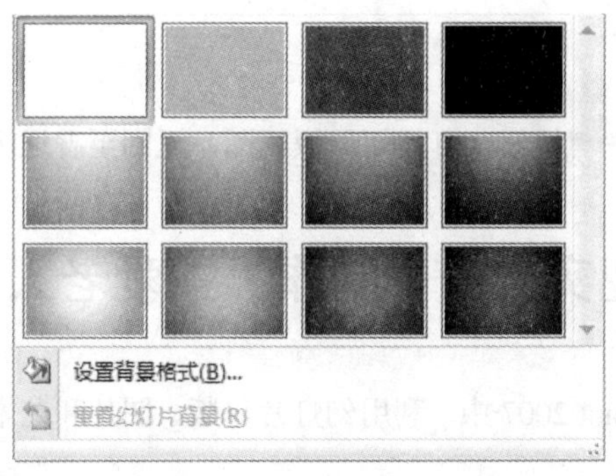

图 5.4.8　背景样式下拉列表

（5）讲义母版设置完成后，单击“关闭母版视图”按钮，退出“讲义母版”视图模式，对讲义母版所做的修改即可应用到演示文稿的讲义中。

5.4.3　备注母版

幻灯片的空间毕竟是有限的，所以幻灯片中的内容都比较简洁，因此讲演者就必须将一些描述性的内容放在备注中，备注母版提供了现场演示时演讲者提供给听众的背景和细节情况。

（1）在“视图”选项卡中的“演示文稿视图”选项区中单击“备注母版”按钮，切换到备注母版视图中，如图 5.4.9 所示。

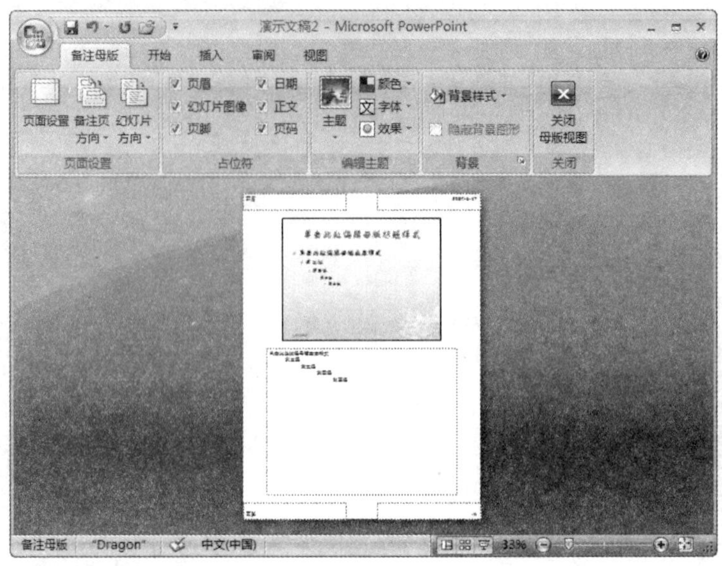

图 5.4.9　备注母版视图

（2）在“备注母版”选项卡中的“页面设置”选项区中可以设置备注页以及幻灯片的方向；在“占位符”选项区中可以设置备注页中的内容；在“背景”选项区中可以设置备注页的背景样式。

（3）在备注页中的备注占位符上单击鼠标右键，从弹出的快捷菜单中选择 编辑文字(X) 命令，可在该占位符中输入备注内容。

（4）编辑完成后，单击 关闭母版视图 按钮，可关闭母版视图，返回至普通视图中。

5.5　典型实例——制作“关爱老人”幻灯片

本节主要介绍在 PowerPoint 2007 中，利用幻灯片母版、图片和艺术字制作“关爱老人”幻灯片，效果如图 5.5.1 所示。

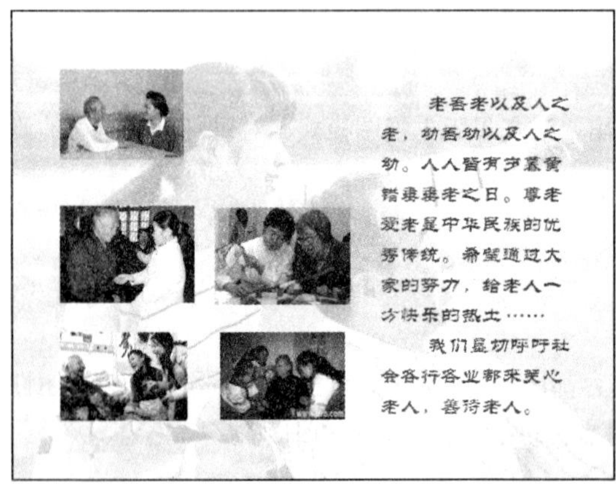

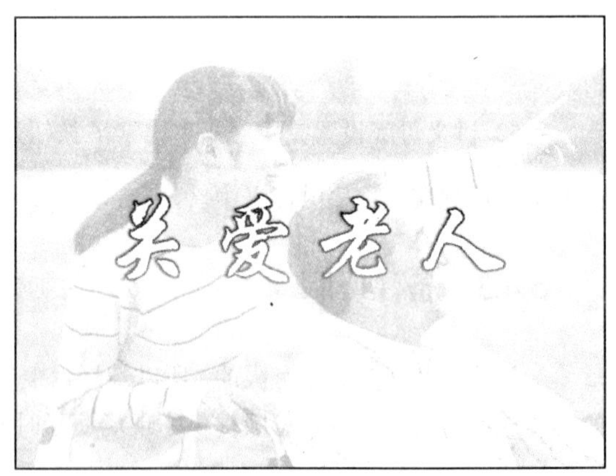

图 5.5.1　效果图

创作步骤

（1）启动 PowerPoint 2007 应用程序，创建一个空白幻灯片。将幻灯片中的占位符选中后按“Delete”键删除。

（2）选中幻灯片 1，按回车键新建一张幻灯片，如图 5.5.2 所示。

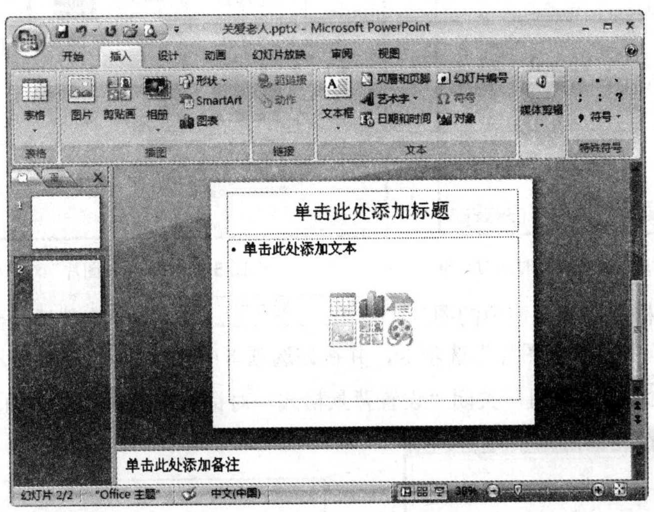

图 5.5.2 创建的新幻灯片

（3）选中第 1 张幻灯片，在“视图”选项中的“演示文稿视图”选项区中单击幻灯片母版按钮，切换到“幻灯片母版”视图，如图 5.5.3 所示。

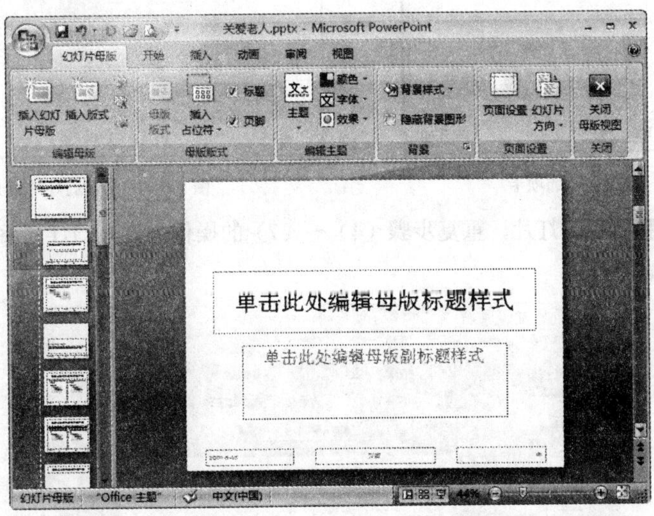

图 5.5.3 “幻灯片母版”视图

（4）此时，标题幻灯片处于选中状态。在“背景”选项区中单击背景样式按钮，从弹出的下拉列表中选择设置背景格式(B)...选项，弹出“设置背景格式”对话框。

（5）选中◉图片或纹理填充(P)单选按钮，此时的对话框如图 5.5.4 所示。单击文件(F)...按钮，弹出“插入图片”对话框，如图 5.5.5 所示。

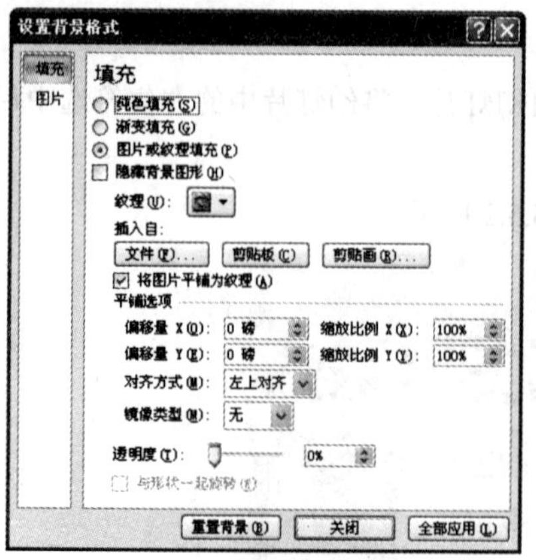

图 5.5.4　选中“图片或纹理填充”时的对话框

图 5.5.5　“插入图片”对话框

（6）在该对话框中选择要使用的图片，单击 插入(S) 按钮，将其插入到幻灯片中。在“设置背景格式”对话框中打开“图片”选项卡，并在该选项卡中设置如图 5.5.6 所示的参数。

（7）单击 关闭 按钮，关闭“设置背景格式”对话框，此时的效果如图 5.5.7 所示。

图 5.5.6　“图片”选项卡

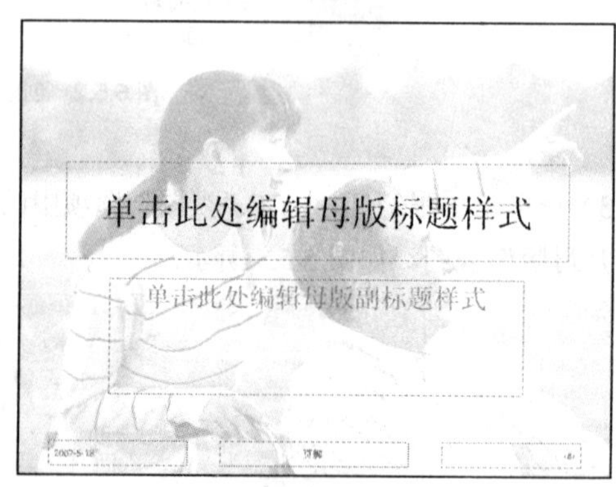

图 5.5.7　设置幻灯片背景

（8）选中标题和内容幻灯片，重复步骤（4）～（7）的操作，为该幻灯片添加相同的图片背景，效果如图 5.5.8 所示。

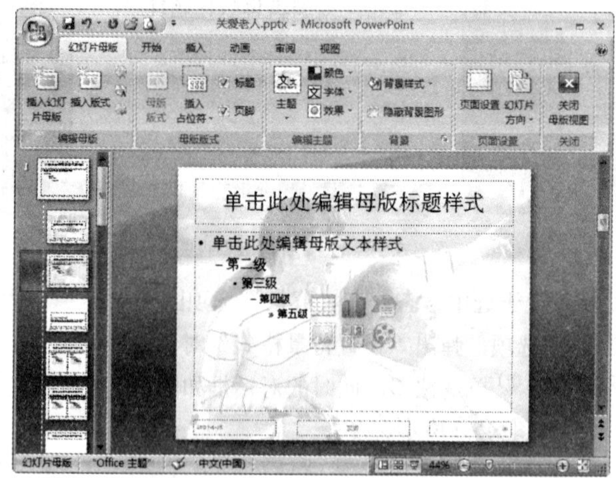

图 5.5.8　添加背景图片

（9）单击按钮，关闭“母版视图”，返回至普通模式。

（10）选中第 1 张幻灯片，在“插入”选项卡中的“插图”选项区中单击按钮，在弹出的“插入图片”对话框中选择要插入的图片，并将其插入到幻灯片中。

（11）调整图片的大小及位置，效果如图 5.5.9 所示。在“插入”选项卡中的“文字”选项区中单击按钮，在弹出的下拉列表中选择“横排文本框”选项。在幻灯片中单击并拖动鼠标绘制一个文本框。

（12）在文本框中输入文本，并将其字体设置为“隶书”，字号设置为“24”，字体颜色设置为“紫色”，效果如图 5.5.10 所示。

图 5.5.9　插入并调整图片

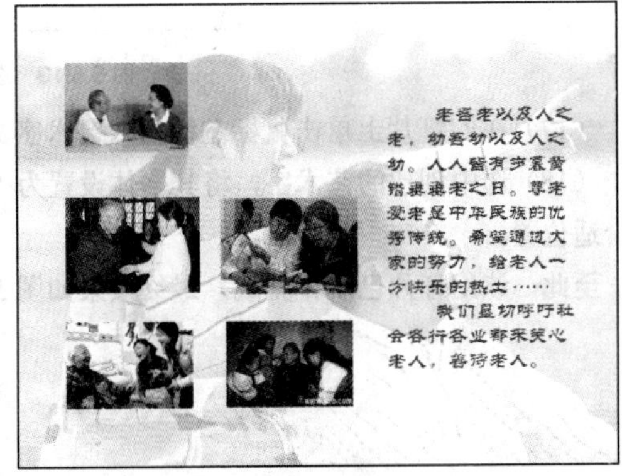

图 5.5.10　输入文本

（13）选中文本框，在“开始”选项卡中的“段落”选项区中单击“行距”按钮，从弹出的下拉列表中选择选项，弹出“段落”对话框，如图 5.5.11 所示。

（14）在“行距”下拉列表中选择“固定值”选项，并将其值设置为“35”，单击按钮，效果如图 5.5.12 所示。

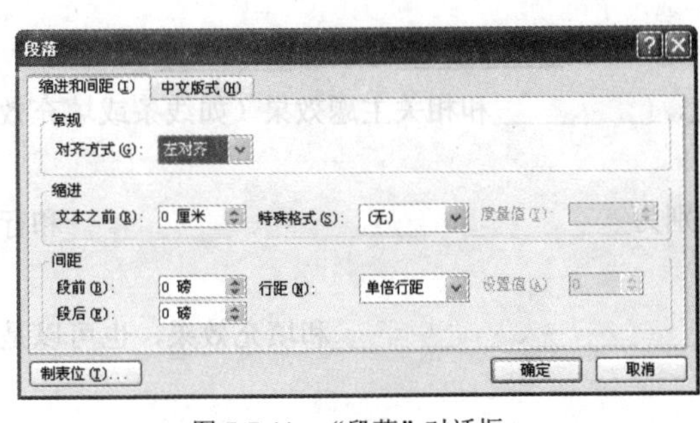

图 5.5.11　“段落”对话框

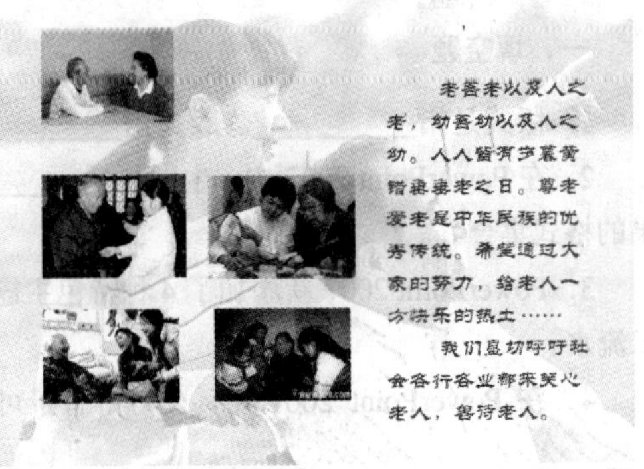

图 5.5.12　调整行距

（15）调整文本框至合适位置。选中第 2 张幻灯片，将其中的占位符选中后按“Delete”键删除。

（16）在“插入”选项卡中的“文本”选项区中单击按钮，在弹出的下拉列表中选择合适的艺术字样式，如图 5.5.13 所示。

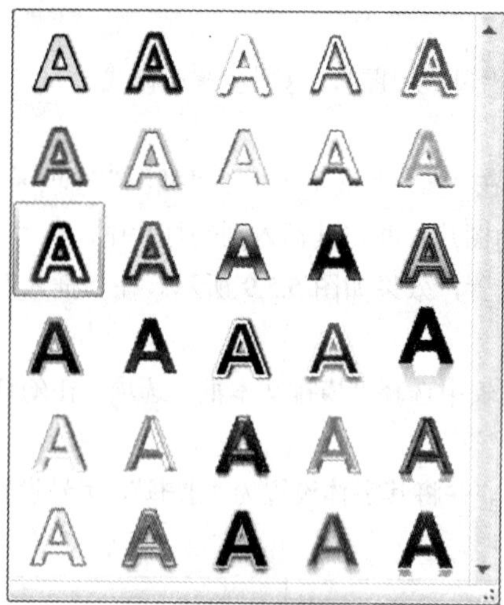

图 5.5.13　选择艺术字样式

（17）在幻灯片上单击鼠标左键插入艺术字文本框，并在其中输入文字“关爱老人”。

（18）选中创建的艺术字，将其字体设置为“华文 CS 行楷”，大小设置为“125”号，并将其移至合适位置。

至此，该幻灯片已制作完成，最终效果如图 5.5.1 所示。

小　结

本章主要介绍了更改幻灯片版式、应用主题、设置幻灯片背景以及应用母版。通过本章的学习，读者应学会对幻灯片的版式、主题以及背景等进行调整，以使幻灯片的外观更加美观实用。

过关练习五

一、填空题

1．版式是指__________。版式由__________组成，并且__________可放置__________。

2．在 PowerPoint 2007 中，主题包括__________、__________和相关主题效果（如线条或填充效果的格式集合）。

3．PowerPoint 2007 新添加了 4 种特色主题，分别为__________、__________、__________和行云流水。

4．在 PowerPoint 2007 中，幻灯片背景可以是__________、__________和填充效果，也可以是__________。

二、选择题

1．如果要更改幻灯片的版式，可以在（　）选项卡中进行修改。

A．开始　　B．插入

C．幻灯片放映　　D．视图

2. PowerPoint 2007 中的母版包括（　）。

A. 幻灯片母版　　B. 备注母版

C. 讲义母版　　D. 全选

3. 如果用户要将幻灯片的主题设置为以乌黑色和中国独特的扇面书画，应使用（　）主题。

A. 暗香扑面　　B. 凤舞九天

C. 龙腾四海　　D. 行云流水

三、问答题

1. 如何更改当前幻灯片的主题？
2. 如何设置幻灯片的背景？

四、上机操作题

新建一份演示文稿，对它进行以下操作：

（1）更改它的版式。

（2）应用主题对它进行更改。

（3）对它的母版进行更改，使文档内容完整且合理、外观基本一致，但个别幻灯片外观独特。

第 6 章　设置演示文稿的动态效果

制作幻灯片的目的就是放映，如果给制作完成的幻灯片添加了动态效果，在播放时就更能吸引观众的目光，本章主要介绍在演示文稿中添加动态效果的方法。

本章重点

（1）动画方案。

（2）自定义动画方案。

（3）设置幻灯片切换效果。

（4）超链接。

6.1　动画方案

使用 PowerPoint 中提供的动画方案，可将预设的动画效果快捷地应用于幻灯片中。动画方案中包含了对幻灯片切换、标题、正文的动画设置。用户只须选定要应用动画方案的幻灯片即可将所做的幻灯片设置成动态的放映效果，也可将一种动画方案应用于所有幻灯片中。

6.1.1　应用动画方案

应用动画方案为幻灯片中的所选对象添加动画效果的具体操作步骤如下：

（1）选中要添加动画效果的对象。

（2）在“动画”选项卡中的“动画”选项区中单击动画右侧的 无动画 按钮，弹出其下拉列表，如图 6.1.1 所示。

（3）该列表中包含了 4 种类型的动画，分别是无动画、淡出、擦除和飞入，除此之外，还有自定义动画。用户可根据需要，选择合适的动画效果，如图 6.1.2 所示即为将文本设置为“淡出”时的效果。

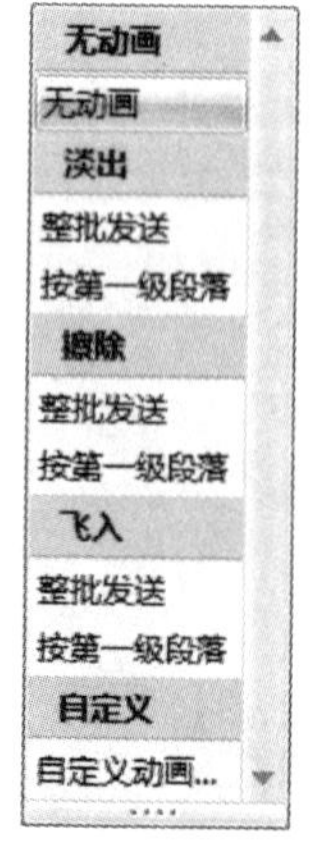

图 6.1.1　动画下拉列表

图 6.1.2　设置动画效果

6.1.2　预览动画

对单张幻灯片或整个演示文稿应用动画方案后，可以预览动画的效果。要预览动画可以使用以下两种方法进行预览：

（1）若要预览单张幻灯片动画，可在“动画”选项卡中的“预览”选项区中单击按钮进行预览。

（2）若要预览所有动画（包括被触发的动画），可按“F5”键进行预览。

6.2　自定义动画方案

用户还可以自已为幻灯片中的每个项目或对象搭配动画效果。在自定义动画中，用户可以为幻灯片中的每个项目或对象设置进入、强调和退出动画效果，也可以设置自定义路径动画效果，并且对于添加的动画效果还可以控制它的播放。

6.2.1　添加自定义动画

添加自定义动画的具体操作步骤如下：

（1）选中需要设置自定义动画的幻灯片。

（2）在“动画”选项卡中的“动画”选项区中单击自定义动画按钮，打开“自定义动画”任务窗格，如图 6.2.1 所示。

图 6.2.1　“自定义动画”任务窗格

（3）在幻灯片中，选中要添加自定义动画的项目或对象，单击添加效果按钮，弹出其下拉菜单。

（4）在下拉菜单中，执行下列操作中的一种：

1）若要为幻灯片项目或对象添加进入动画效果，则将鼠标指针指向 进入(E) 选项，然后从弹出的级联菜单中选择需要的动画效果，如图 6.2.2 所示。若在级联菜单中的动画效果都不能满足用户的需要，则可以选择 其他效果(M)... 命令，弹出“添加进入效果”对话框，如图 6.2.3 所示。在该对话框中对所提供的进入效果进行选择。

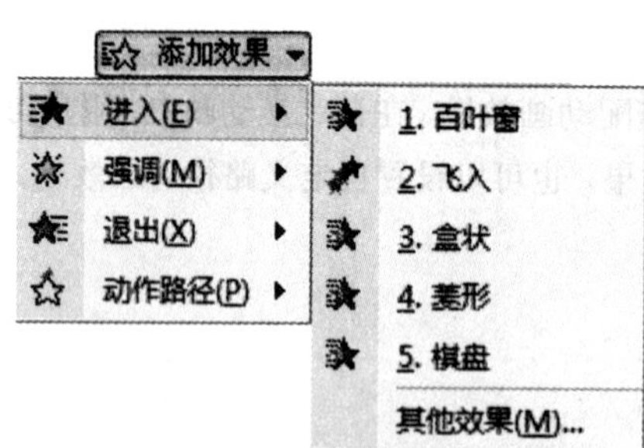

图 6.2.2 “进入”级联菜单

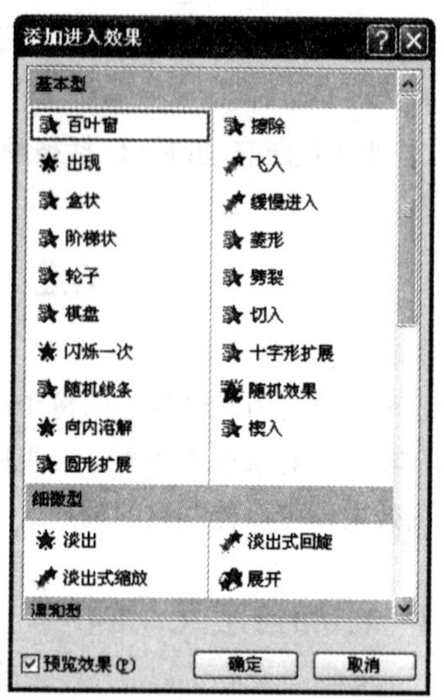

图 6.2.3 “添加进入效果”对话框

2）若要为幻灯片项目或对象添加强调动画效果，则将鼠标指针指向 强调(M) 选项，然后从弹出的级联菜单中选择需要的动画效果，如图 6.2.4 所示。若在级联菜单中的动画效果都不能满足用户的需要，则可以选择 其他效果(M)... 命令，弹出“添加强调效果”对话框，如图 6.2.5 所示。在该对话框中对提供的丰富的强调效果进行选择。

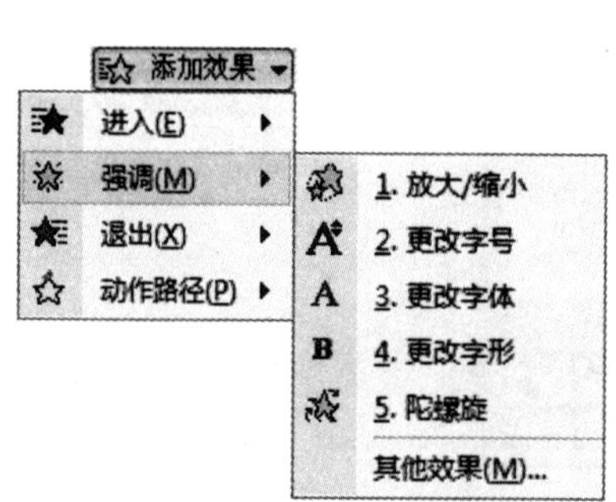

图 6.2.4 “强调”级联菜单

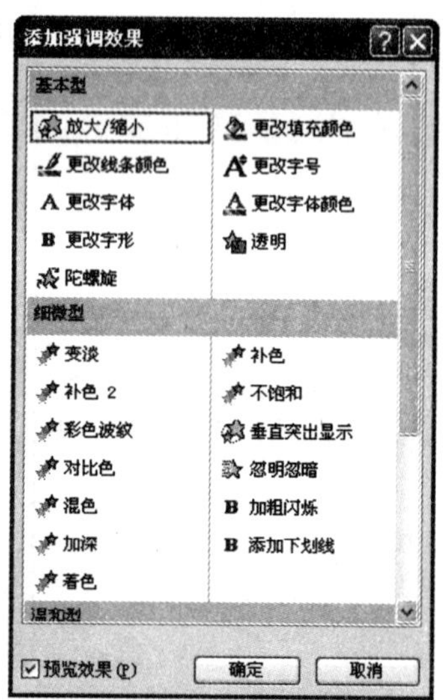

图 6.2.5 “添加强调效果”对话框

3）若要为幻灯片项目或对象添加退出动画效果，则将鼠标指针指向 退出(X) 选项，然后从弹出的级联菜单中选择需要的动画效果，如图 6.2.6 所示。若在级联菜单中的动画效果都不能满足

用户的需要，则可以选择 其他效果(M)... 命令，弹出“添加退出效果”对话框，如图 6.2.7 所示。在该对话框中对所提供的丰富的退出效果进行选择。

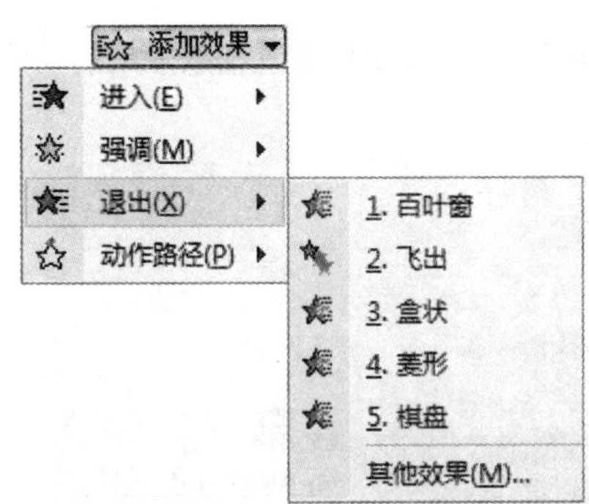

图 6.2.6　“退出”级联菜单

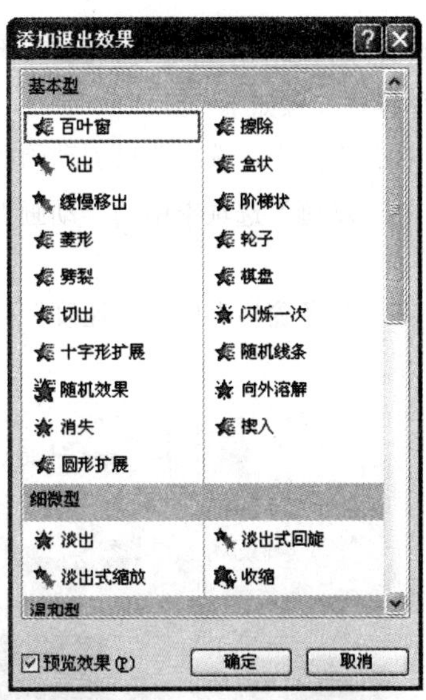

图 6.2.7　“添加退出效果”对话框

（5）在“自定义动画”任务窗格中，为所选项目或对象添加了动画效果后，该项目或对象的旁边会出现一个带有数字的灰色矩形标志，并在任务窗格的动画列表中显示了该动画的效果选项，如图 6.2.8 所示为对象添加自定义动画后的效果。

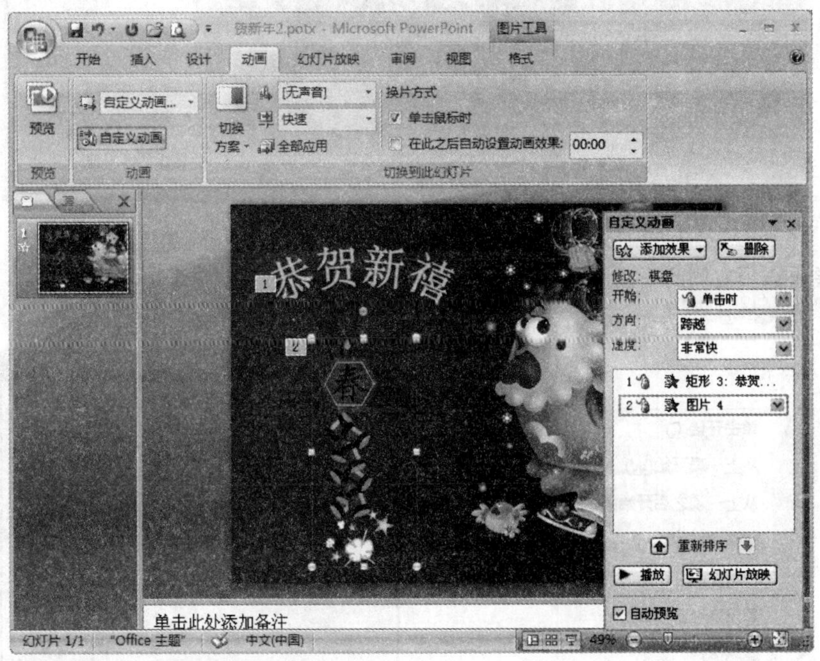

图 6.2.8　添加自定义动画后的效果

（6）如果对所选动画效果不满意，则可在动画列表中选中动画后，单击 删除 按钮将其删除。

6.2.2 控制播放效果

为幻灯片项目添加了自定义动画后，用户可以根据需要对它的播放效果进行设置。设置动画播放效果的具体操作步骤如下：

（1）在幻灯片中，选中要设置动画播放效果的项目或对象。

（2）在“动画”选项卡中的“动画”选项区中单击 自定义动画 按钮，打开“自定义动画”任务窗格。

（3）在“任务窗格”中的“速度”列表框下方的列表中，选中要设置播放效果的动画选项，如图 6.2.9 所示。

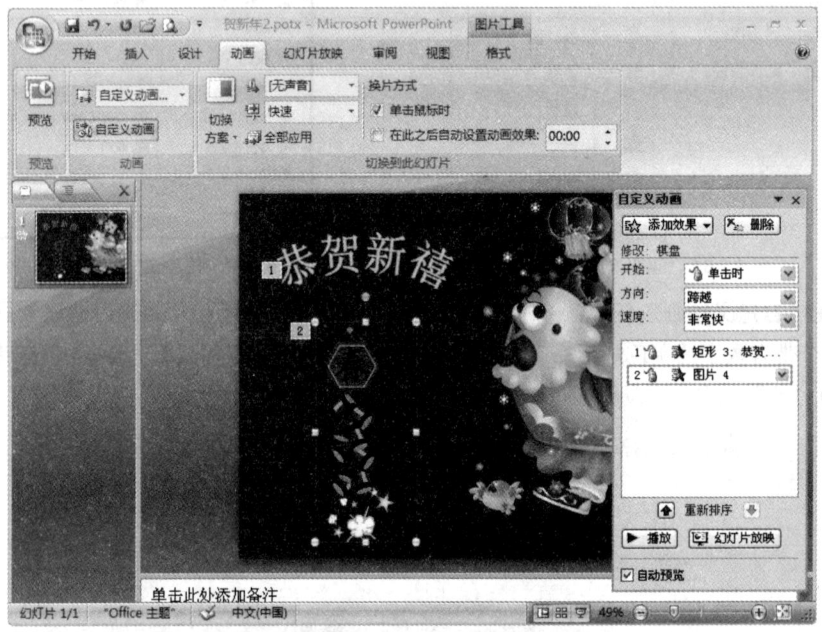

图 6.2.9 选中动画选项

（4）单击选项右侧的下拉按钮，弹出如图 6.2.10 所示的“动画选项”下拉列表。在此下拉列表中选择 效果选项(E)... 选项，弹出如图 6.2.11 所示的“棋盘”对话框。

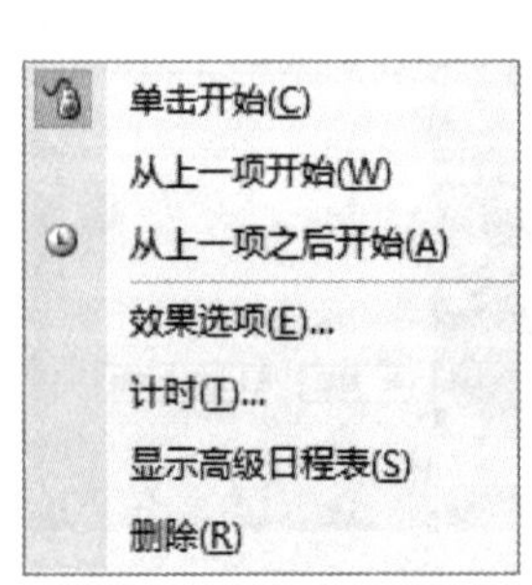

图 6.2.10 “动画选项”下拉列表

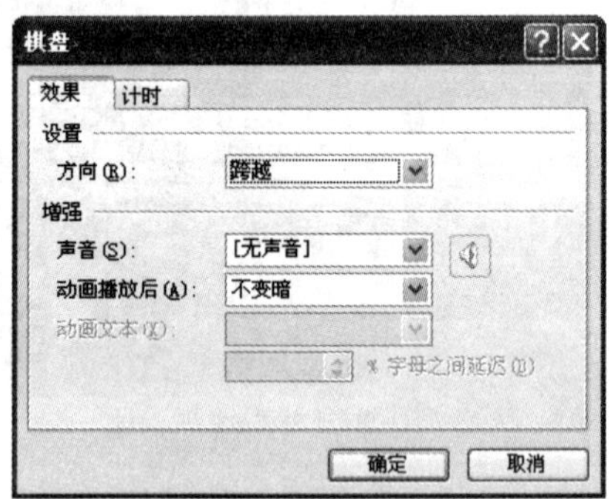

图 6.2.11 “棋盘”对话框

（5）在“增强”选项区中，单击“声音”列表框右侧的下拉按钮，在弹出的下拉列表中选择播放动画时的声音效果，并单击“音量控制”按钮，在弹出的下拉列表中，拖动滑块调整声音的

大小，或者选中☑静音(M)复选框；在“动画播放后”下拉列表中选择播放动画后的颜色效果。

（6）单击计时标签，打开计时选项卡，如图 6.2.12 所示。

（7）在“开始”下拉列表中选择动画的播放方式，如“单击时”“之前”或“之后”；在“延迟”微调框中设置动画的延迟时间，以便定时播放动画，每单击一次微调按钮，将增加或减少延迟时间为“0.5”秒；在“速度”下拉列表中选择动画的播放速度，如“非常慢 5 秒”“慢速 3 秒”“中速 2 秒”等；在“重复”下拉列表中选择重复播放动画的次数。

（8）单击触发器(T)按钮，将显示其下的两个单选按钮。选中⊙部分单击序列动画(A)单选按钮，可以设置用户在放映幻灯片时，通过单击任意位置来触发播放下一个动画；选中⊙单击下列对象时启动效果(C):单选按钮，可以在其右侧的下拉列表中选择对象作为触发动画播放的对象。

（9）所有设置完成之后，单击确定按钮即可。

6.2.3　更改动画选项

对幻灯片项目添加某个动画效果后，如果感到不满意，则可以将其更改为其他的动画效果，其具体操作步骤如下：

（1）在幻灯片中，选中要更改的动画效果。

（2）在“动画”选项卡中的“动画”选项区中单击自定义动画按钮，打开“自定义动画”任务窗格。

（3）在任务窗格的动画效果列表框中，选中要更改的动画选项，此时，可发现任务窗格上方的添加效果按钮变为更改按钮，如图 6.2.13 所示。

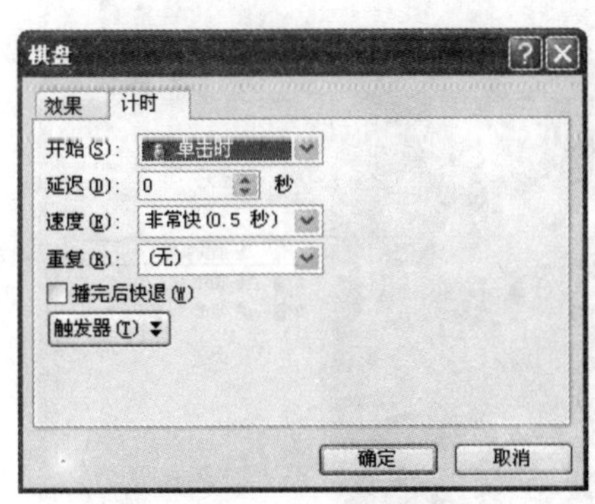

图 6.2.12　“计时”选项卡

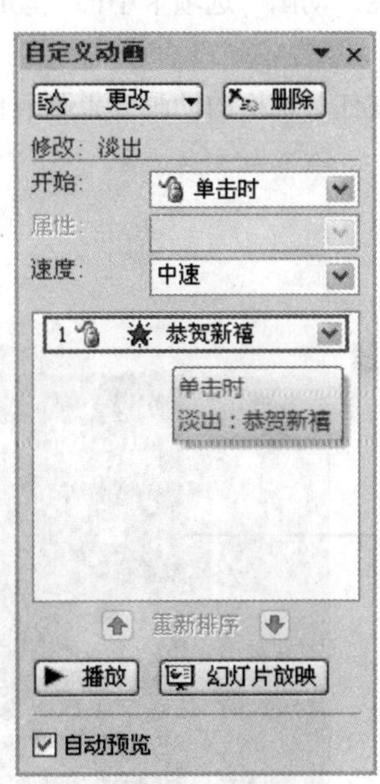

图 6.2.13　选择动画效果选项

（4）单击更改按钮，在弹出的下拉菜单中，重新选择要更改的动画效果即可。

（5）在“自定义动画”任务窗格的动画效果列表框中，可以看到原来的动画效果即变为用户所选的动画效果，如图 6.2.14 所示。

图 6.2.14　更改动画效果

6.2.4　调整动画播放次序

为幻灯片项目添加了多个动画效果后，在幻灯片项目左上角的效果标记将显示出该动画的播放次序，如 1 ， 2 等。这是系统默认的播放次序，用户也可以更改动画的播放次序，其具体操作步骤如下：

（1）打开要调整动画播放次序的幻灯片。

（2）在“动画”选项卡中的“动画”选项区中单击 自定义动画 按钮，打开“自定义动画”任务窗格。

（3）在任务窗格的动画效果列表框中，单击鼠标以激活动画选项，如图 6.2.15 所示。

图 6.2.15　激活动画选项

（4）选中要调整次序的动画选项，单击列表框下方的“重新排序”按钮或，可以向上或向下排列动画选项。

（5）将鼠标指针指向动画选项的边框，然后按住鼠标左键上下拖动，也可以调整动画的播放次序。改变动画的播放次序后，动画列表项会按照新的顺序自动重新排序，同时，在幻灯片项目左上角的动画标记也会相应进行调整。

6.2.5　应用和绘制动作路径

在一些演示文稿中，经常需要展示物体沿一定路径运行的动画，如演示旅游图的路线、其他对象有规律的运动、数学图像的变化等，用户可以应用系统自带的动作路径或自定义绘制路径来实现这些效果。

1．应用动作路径

应用动作路径和应用其他动画效果的方法基本相同，只是在应用动作路径后，会出现动作路径的路径控制线。用户可以通过拖动路径控制线来调整动作路径的方向、尺寸和位置。应用动作路径的具体操作步骤如下：

（1）在幻灯片中，选中要应用动作路径的项目，如图 6.2.16 所示。

（2）在“动画”选项卡中的“动画”选项区中单击自定义动画按钮，打开“自定义动画”任务窗格。

（3）在任务窗格中，单击添加效果按钮，弹出其级联菜单。在级联菜单中将鼠标指针指向动作路径(P)选项，弹出如图 6.2.17 所示的级联菜单。

图 6.2.16　选中要应用动作路径的项目

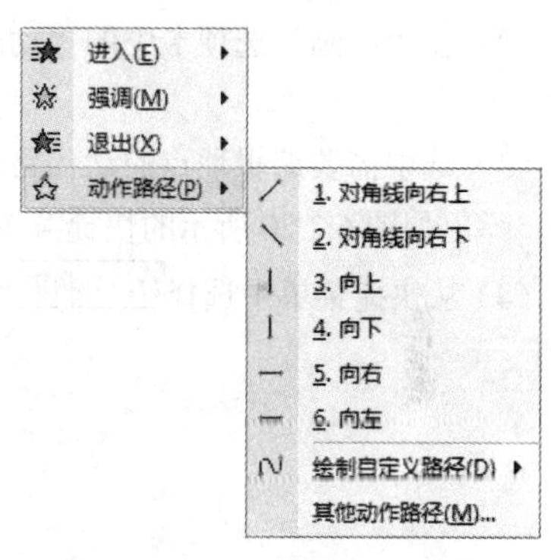

图 6.2.17　“动作路径”级联菜单

（4）在级联菜单中选择一种需要的动作路径动画效果即可。

（5）如果在级联菜单中没有合适的动作路径动画效果，则可以选择其他动作路径(M)...选项，弹出如图 6.2.18 所示的“添加动作路径”对话框。

（6）在此对话框中提供了更加丰富的动作路径，从中选择一种需要的选项，单击确定按钮即可将其应用到当前所选幻灯片项目中，同时出现了一条路径控制线，如图 6.2.19 所示，幻灯片项目将按这条控制线来运动。

（7）按住鼠标左键拖动路径控制线的控制句柄，可以调整它的大小，拖动控制线中间的部位，可以移动它的位置。

提示 若要使路径模拟某种退出效果，则要将效果选项设置为变暗或播放动画后隐藏或者将该动作路径拖出幻灯片。

图 6.2.18 “添加动作路径”对话框

图 6.2.19 应用动作路径

2. 编辑动作路径

在 PowerPoint 2007 中，大部分动作路径都可以通过调整编辑顶点来改变它的移动路线。调整动作路径编辑顶点的具体操作步骤如下：

（1）打开有需要编辑动作路径项目的幻灯片。

（2）在“动画”选项卡中的“动画”选项区中单击 自定义动画 按钮，打开“自定义动画”任务窗格。

（3）选中需要编辑顶点的动作路径控制线，并将鼠标指针指向该控制线的中间部位，单击鼠标右键，弹出如图 6.2.20 所示的快捷菜单。

（4）从快捷菜单中选择 编辑顶点(E) 命令，此时在路径控制线上出现编辑顶点，如图 6.2.21 所示。

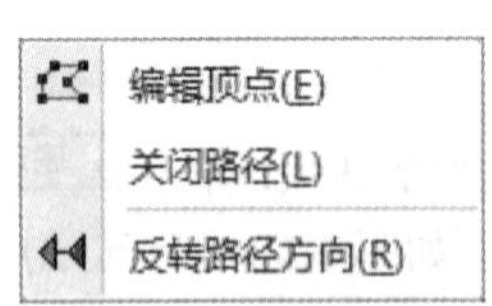

图 6.2.20 动作路径控制线快捷菜单

图 6.2.21 显示动作路径控制线编辑顶点

（5）将鼠标指针指向某个编辑顶点，按住鼠标左键，将其拖动到合适的位置释放鼠标即可。如果要添加编辑顶点，则将鼠标指针指向控制线，然后单击鼠标右键，从弹出的快捷菜单中选择 添加顶点(A) 命令，如图 6.2.22 所示。

（6）编辑完成之后，在控制线之外的任意位置单击鼠标，即可退出路径顶点的编辑状态。调整编辑顶点后的路径控制线如图 6.2.23 所示。

图 6.2.22 添加顶点

图 6.2.23 调整编辑顶点效果

（7）如果要让路径动画按照与原来相反的方向运动，则在路径控制线上单击鼠标右键，从弹出的快捷菜单中选择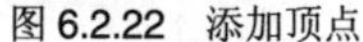命令。

3. 绘制动作路径

如果用户对预设的动作路径效果感到不满意，还可以自己绘制动作路径。为幻灯片项目绘制动作路径的具体操作步骤如下：

（1）在幻灯片中，选中需要自定义绘制动作路径的幻灯片。

（2）在“动画”选项卡中的“动画”选项区中单击 自定义动画 按钮，打开“自定义动画”任务窗格。

（3）在任务窗格中，单击 添加效果 按钮，在弹出的下拉菜单中选择 动作路径(P) → 绘制自定义路径(D) 命令，弹出如图 6.2.24 所示的级联菜单。

（4）在级联菜单中列出了 4 种绘制自定义路径的工具，单击任意一种工具按钮即可绘制出相应的路径。

（5）在绘制过程中，如果要结束任意多边形或曲线路径并使其保持开放状态，可在任何时候双击鼠标。如果要封闭某个形状，则在起点处单击鼠标，如图 6.2.25 所示为绘制的动作路径。

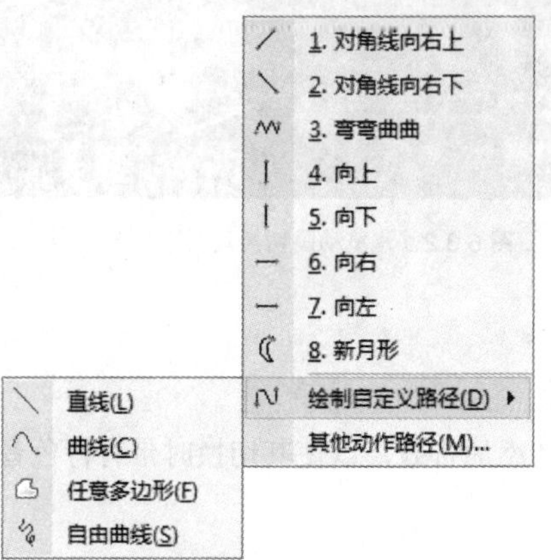

图 6.2.24 “绘制自定义路径”级联菜单

图 6.2.25 绘制的动作路径

6.3 设置幻灯片切换效果

在计算机上播放的演示文稿被称为电子演示文稿，它与实际的幻灯片相比，最大的区别是可以在幻灯片之间设置多种风格的换页效果及背景音乐，从而使幻灯片在播放时效果更美观，更具有吸引力。

6.3.1 应用系统预设切换效果

在 PowerPoint 2007 中，系统预设了大量切换效果，用户可按照以下操作步骤进行：

（1）选中要设置切换效果的幻灯片。

（2）在“动画”选项卡中的“切换到此幻灯片”选项区中单击按钮，打开切换效果下拉列表，如图 6.3.1 所示。

（3）在该列表中选择要使用的切换效果，即可将其应用到所选幻灯片中。

（4）如果用户要预览设置的切换效果，在“动画”选项卡中的“预览”选项区中单击预览按钮，效果如图 6.3.2 所示。

图 6.3.1 切换效果下拉列表

图 6.3.2 预览动画切换效果

6.3.2 设置切换音效和切换速度

在幻灯片的切换过程中，用户可以在换片的过程中为其添加音效，以使其切换时带有特色音效，也可以设置切换时的速度。其具体操作步骤如下：

（1）选中要设置切换效果的幻灯片。

（2）在“动画”选项卡中的“切换到此幻灯片”选项区中单击“切换声音”右侧的下拉按钮，弹出其下拉列表，如图 6.3.3 所示。

（3）在该列表中选择合适的选项，即可将其添加到选中的幻灯片中。

（4）如果该列表中的声音不符合用户的需求，可单击 其他声音... 按钮，弹出“添加声音”对话框，如图 6.3.4 所示。

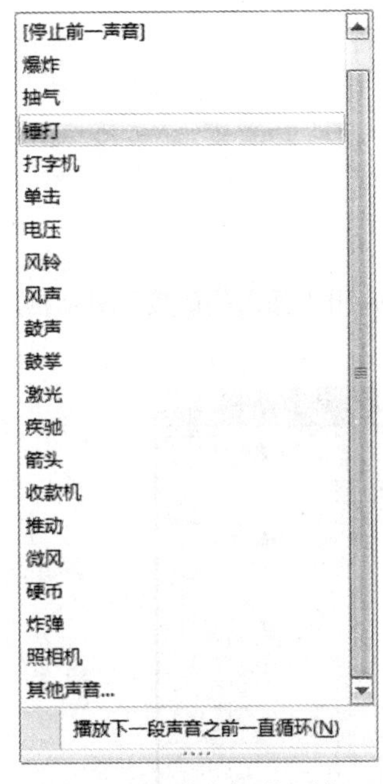

图 6.3.3　切换声音下拉列表

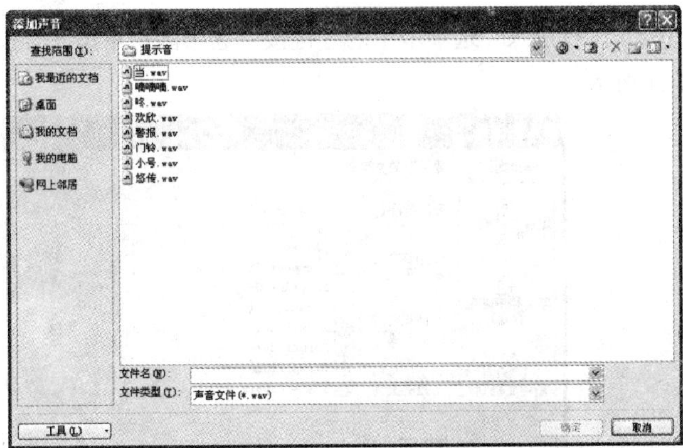

图 6.3.4　“添加声音”对话框

（5）在该对话框中选择要添加的声音，单击 确定 按钮，即可将其设置为切换时的音效。

（6）单击“切换速度”右侧的下拉按钮，弹出其下拉列表，如图 6.3.5 所示。

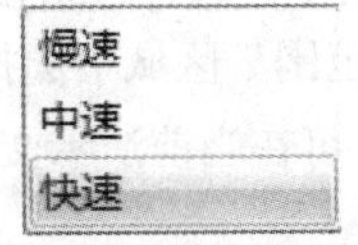

图 6.3.5　切换速度下拉列表

（7）在该列表中选择合适的选项，即可设置好当前幻灯片的切换速度。

6.3.3　设置换片方式

在切换幻灯片的过程中，用户既可以将它设置为自动切换，也可以在单击鼠标后进行切换。为幻灯片设置换片方式的具体操作步骤如下：

（1）选中要设置切换效果的幻灯片。

（2）在“动画”选项卡中的“切换到此幻灯片”选项区中的换片方式区域中选中 ☑ 单击鼠标时 复选框，即可将切换方式设置为手动切换（即当用户单击鼠标时，才进行切换）。

（3）取消选中 □ 单击鼠标时 复选框。选中 ☑ 在此之后自动设置动画效果: 复选框，在其右侧的文本框中输入数值，可将切换方式设置为自动切换，并且按照用户设置的时间进行切换。

6.4 超 链 接

在幻灯片中插入超链接，可以创建交互式演示文稿。在 PowerPoint 2007 中，用户可以使用以下两种方法插入超链接。

6.4.1 插入超链接

为幻灯片中的对象插入超链接的具体操作步骤如下：

（1）选中幻灯片中要创建超链接的文本或图形对象。

（2）在“插入”选项卡中的“链接”选项区中单击 超链接 按钮，弹出“插入超链接”对话框，如图 6.4.1 所示。

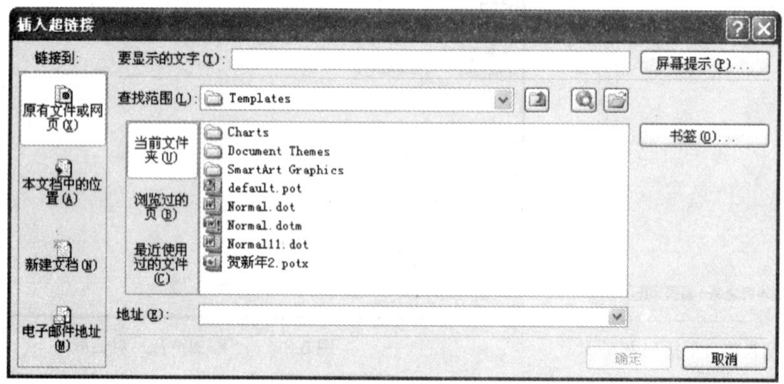

图 6.4.1 “插入超链接”对话框

（3）在 链接到: 选项区中选择链接的类型。选择“原有文件或网页”选项，可将系统中已创建的文件或网页设置链接地址，并可在“查找范围”区域中选择要链接的选项。

（4）选择“本文档中的位置”选项，可在当前演示文稿中选择某张幻灯片作为链接地址，如图 6.4.2 所示。

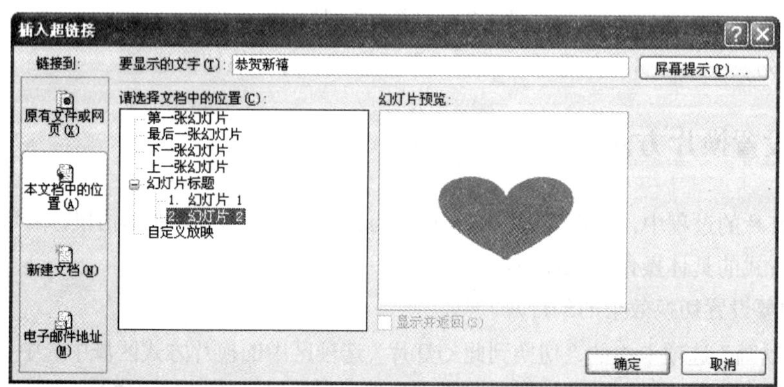

图 6.4.2 选择文档中的位置作为链接地址

（5）选择“新建文档”选项，此时的对话框如图 6.4.3 所示。用户可在“新建文档名称”文本框中输入文档名称；单击 更改(C)... 按钮，可对文档的存放路径进行编辑；在 何时编辑: 选项区中可设置

编辑的时间，设置完成后，单击确定按钮即可。

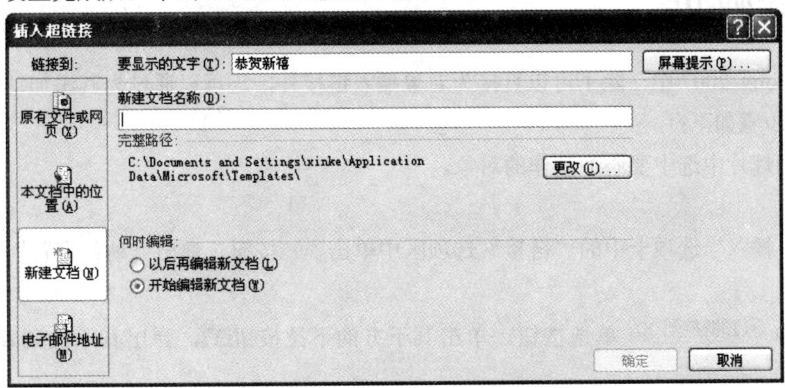

图 6.4.3　选择新建文档作为链接地址

（6）选择“电子邮件地址”选项，此时的对话框如图 6.4.4 所示。用户可在该对话框中输入电子邮件地址以及主题，单击确定按钮后，即可将该电子邮件地址作为链接地址。

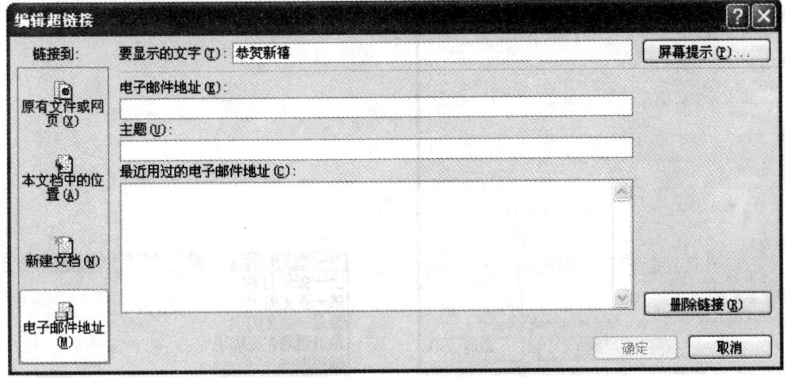

图 6.4.4　选择电子邮件地址作为链接地址

（7）将链接选项设置好后，单击确定按钮即可。如图 6.4.5 所示即为在图片中插入超链接时的演示效果。

图 6.4.5　插入的超链接

6.4.2 添加动作

在 PowerPoint 2007 中，除了可以直接为对象插入链接外，还可以通过为其添加动作来创建超链接，具体操作步骤如下：

（1）在幻灯片中选中要添加动作的对象。

（2）在“插入”选项卡中的“链接”选项区中单击动作按钮，弹出“动作设置”对话框，如图 6.4.6 所示。

（3）选中 ⊙超链接到(H): 单选按钮，单击其下方的下拉按钮，弹出其下拉列表，如图 6.4.7 所示。

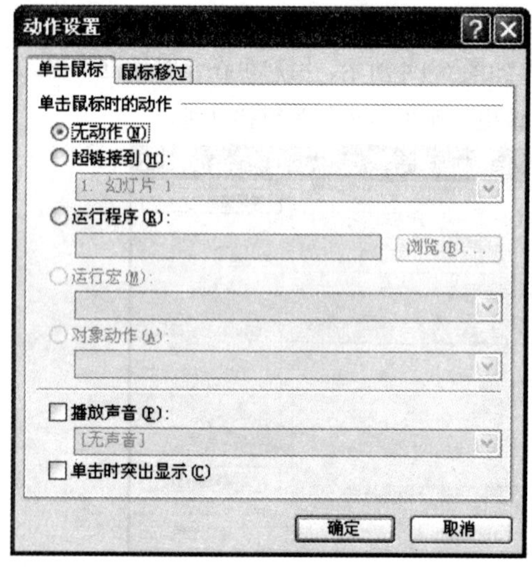

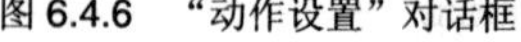
图 6.4.6 “动作设置”对话框

图 6.4.7 超链接到下拉列表

（4）在该列表中选择要链接到的地址，单击确定按钮即可。

6.4.3 动作按钮

在幻灯片中设置动作按钮是为了更好地控制幻灯片的播放效果，可以在演示文稿中创建交互功能，使其可链接到其他的幻灯片、程序、影片甚至是互联网上的任何一个地方。

1. 插入动作按钮

添加动作按钮的具体操作步骤如下：

（1）打开需要添加动作按钮的幻灯片。

（2）在“插入”选项卡上的“插图”选项区中，单击形状按钮，弹出其下拉列表，如图 6.4.8 所示。

（3）在该下拉列表中的按钮上的图形都是常用的易理解的符号，将鼠标指针指向任意按钮时，将显示该按钮的名称，如“自定义”“第一张”“帮助”“信息”“后退或前一项”“前进或下一项”“开始”“结束”“上一张”“文档”“声音”和“影片”。

（4）单击选择需要的按钮后，鼠标指针将变成十形状。按住鼠标左键，在需要添加按钮的位置拖动或单击鼠标，将绘制出所选动作按钮，并弹出“动作设置”对话框，如图 6.4.9 所示。

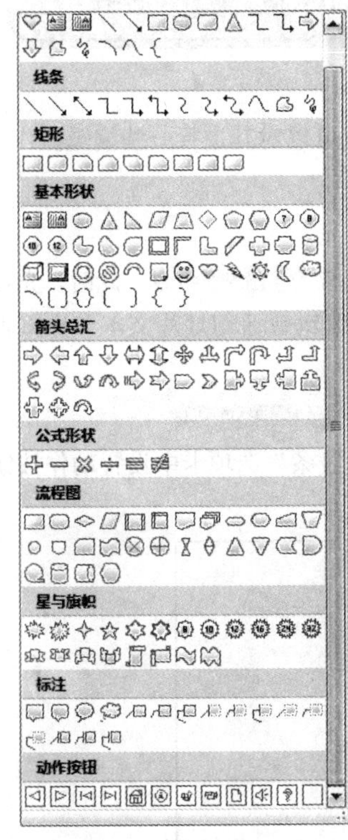

图 6.4.8　形状下拉列表

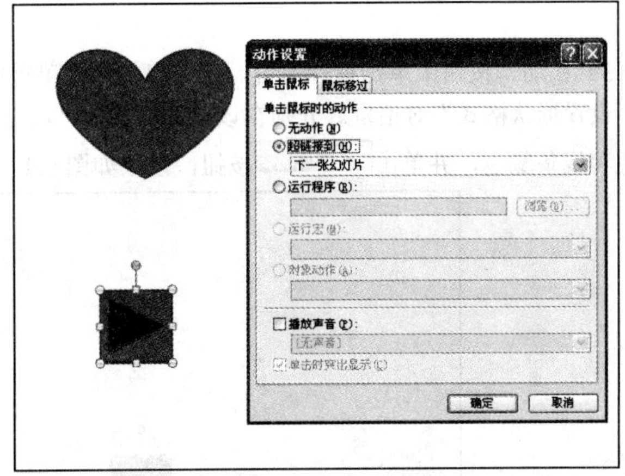

图 6.4.9　插入动作按钮

（5）在“单击鼠标时的动作”选项区中，选中 ◉超链接到(H): 或者 ◉运行程序(R): 单选按钮，可设置超链接到某张幻灯片或者运行选定的程序。

（6）如果选中 ☑播放声音(P): 复选框，在其下方的下拉列表中，可以设置一种单击动作按钮时的声音效果。

（7）如果要设置鼠标移过动作按钮时运行动作或播放声音，则在对话框中单击 鼠标移过 标签，打开 鼠标移过 选项卡，在该选项卡中进行相应的设置即可。

（8）所有设置完成之后，单击 确定 按钮即可，效果如图 6.4.10 所示。

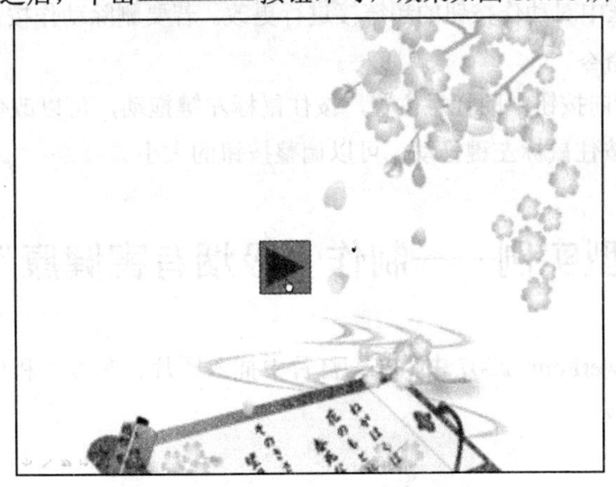

图 6.4.10　添加动作按钮效果

提示 如果要同时为每张幻灯片添加动作按钮，则可以在幻灯片母版视图中进行操作，并且在标题母版上添加的动作按钮，只在使用标题版式的幻灯片中显示。

2. 编辑动作按钮

动作按钮也是一种具有超链接功能的特殊自选图形，因此，也可以对其进行一些编辑操作。编辑动作按钮的具体操作步骤如下：

（1）选中要设置格式的动作按钮。

（2）在动作按钮中单击鼠标右键，在弹出的快捷菜单中选择 编辑文字(X) 命令，此时，光标将自动显示在动作按钮的中间位置，直接输入需要的文本内容，并像编辑普通幻灯片文本一样编辑它的格式。

（3）在动作按钮中单击鼠标右键，从弹出的快捷菜单中选择 设置形状格式(O)... 命令，弹出“设置形状格式”对话框。分别在该对话框中的“填充”和“线条”选项卡中设置动作按钮的填充颜色和线条颜色，并单击 确定 按钮，效果如图 6.4.11 所示。

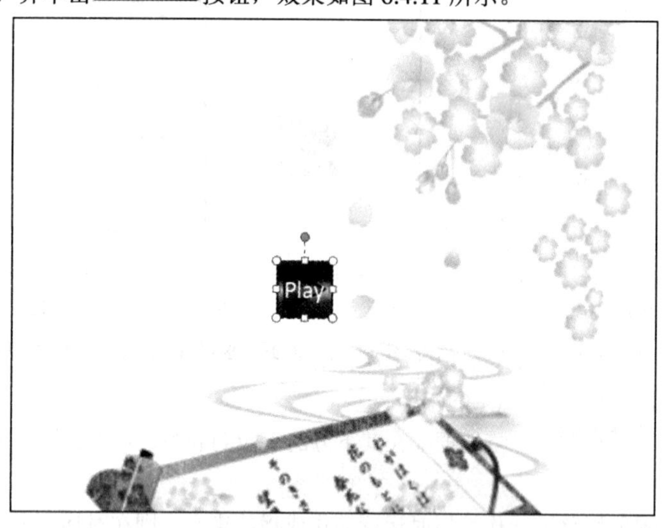

图 6.4.11　编辑动作按钮

（4）在动作按钮中单击鼠标右键，从弹出的快捷菜单中选择 编辑超链接(H)... 命令，弹出“动作设置”对话框。在对话框中对动作按钮的超链接进行更改。若要删除动作按钮的超链接，则在快捷菜单中选择 取消超链接(M) 命令。

（5）将鼠标指针指向按钮中的任意位置，按住鼠标左键拖动，可以改变按钮的位置；将鼠标指针指向按钮的控制点，按住鼠标左键拖动，可以调整按钮的大小。

6.5　典型实例——制作“吸烟有害健康”幻灯片

本节主要介绍在 PowerPoint 2007 中，在幻灯片中插入图片、艺术字和形状制作吸烟有害健康幻灯片，效果如图 6.5.1 所示。

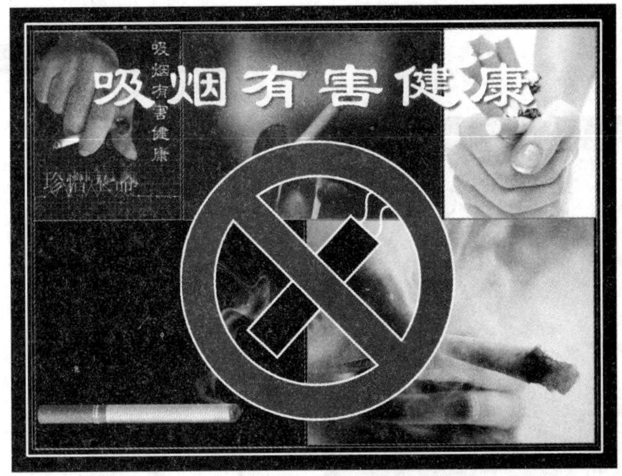

图 6.5.1　效果图

创作步骤

（1）启动 PowerPoint 2007 应用程序，新建一个演示文稿。

（2）按“Ctrl+M”键，插入一张新的幻灯片。

（3）在“视图”选项卡中的“演示文稿视图”选项区中单击按钮，切换到幻灯片母版视图。

（4）选中“标题幻灯片”，在“幻灯片母版”选项卡中的“背景”选项区中单击按钮，从弹出的下拉菜单中选择“样式 4”选项，如图 6.5.2 所示。

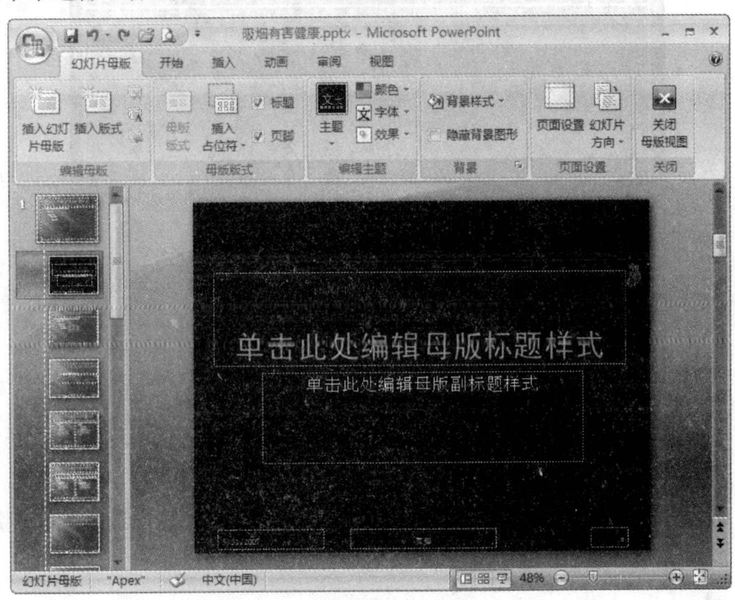

图 6.5.2　设置背景样式

（5）在“插入”选项卡中的“插图”选项区中单击按钮，在弹出的下拉列表中选择矩形工具，使用该工具在幻灯片中绘制一个矩形，如图 6.5.3 所示。

（6）在绘制的矩形上单击鼠标右键，从弹出的快捷菜单中选择选项，弹出“设置形状格式”对话框，如图 6.5.4 所示。

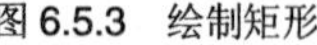

图 6.5.3　绘制矩形

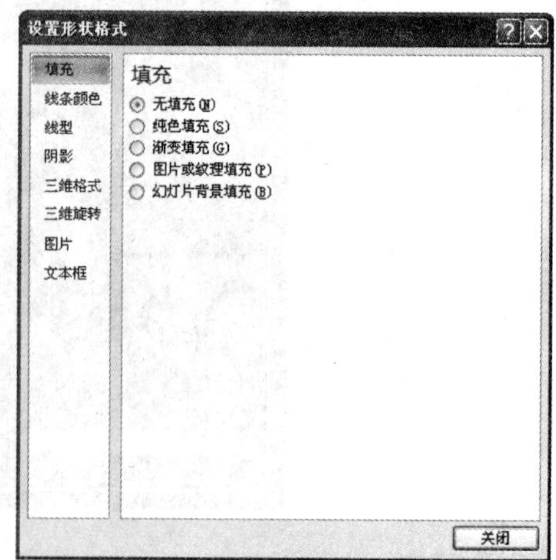

图 6.5.4　“设置形状格式”对话框

（7）在“线条颜色”选项区中将线条颜色设置为“白色”；在“线型”选项区中将线的宽度设置为“3 磅”。

（8）选中该矩形，在“绘图工具”上下文工具中的“格式”选项卡中的“大小”选项区中将其大小设置为“17.69，24.13”；在“排列”选项区中设置为上下、左右分别居中对齐。

（9）重复步骤（5）～（8）的操作，绘制一个大小为“17.18，23.69”粗细为“1 磅”的矩形，并将其居中对齐，效果如图 6.5.5 所示。

图 6.5.5　绘制矩形

（10）选中“标题和内容”幻灯片，重复步骤（4）的操作，将其背景样式设置为“样式 4”，并将“标题幻灯片”中的两个矩形复制并粘贴到该幻灯片中。

（11）单击“关闭母版视图”按钮，返回至普通视图，如图 6.5.6 所示。

（12）将幻灯片中的占位符选中后按“Delete”键将其删除。在“插入”选项卡中的“插图”选项区中单击“图片”按钮，在弹出的“插入图片”对话框中选择一张图片插入到幻灯片中。

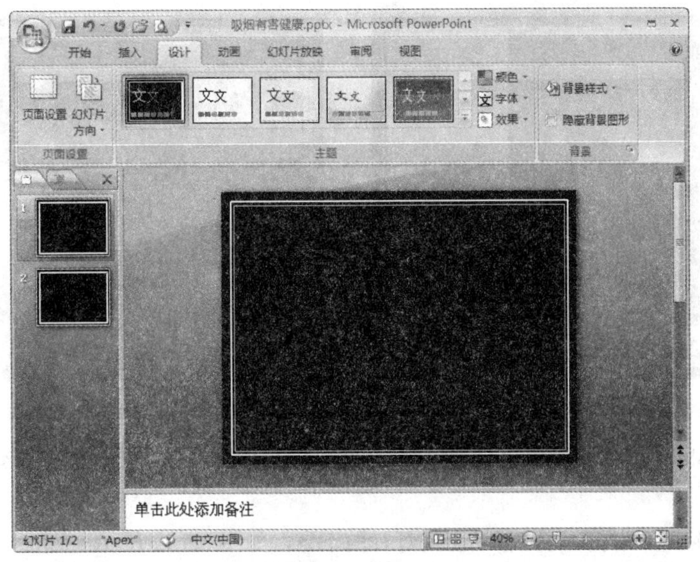

图 6.5.6　普通视图

（13）选中插入的图片，调整其至合适大小，并在“格式”选项卡中的“图片样式”选项区中单击图片边框按钮，在弹出的下拉列表中选择“0.75 磅”的白色线条作为其边框，如图 6.5.7 所示。

（14）重复步骤（12）～（13）的操作，在幻灯片中插入其他 4 张图片，并分别为其添加白色边框，如图 6.5.8 所示。

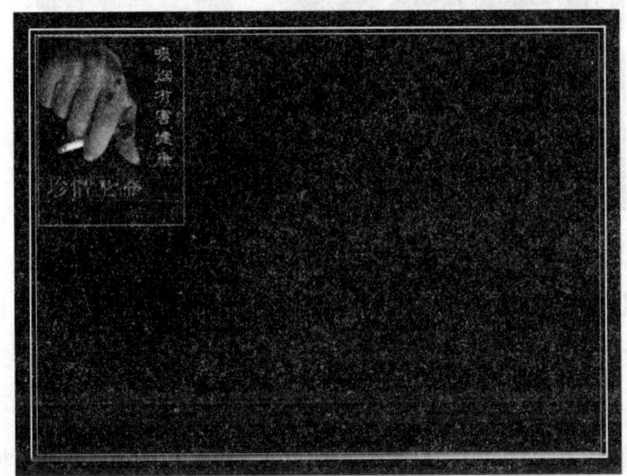

图 6.5.7　添加边框

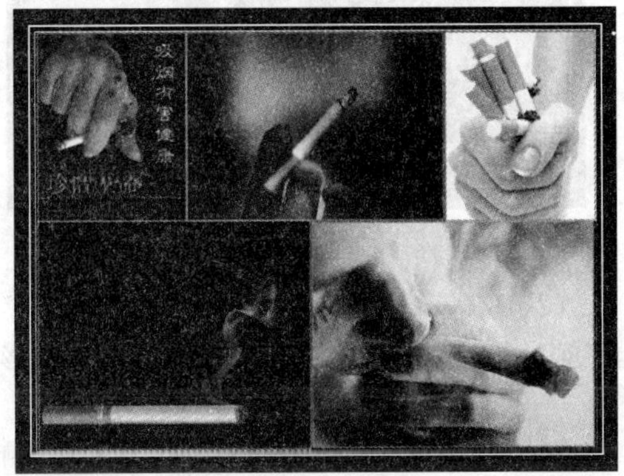

图 6.5.8　插入其他图片

（15）在“插入”选项卡中的“插图”选项区中单击形状按钮，在弹出的下拉列表中选择矩形工具，使用该工具在幻灯片中绘制一个矩形。将其高度设为“1.8 厘米”，宽度设为“6.9 厘米”，线条颜色设为“白色”，粗细设为“3 磅”，并旋转一定角度，如图 6.5.9 所示。

（16）在形状下拉列表中选择曲线工具，使用该工具在幻灯片中绘制一段曲线，将其颜色设为“白色”，粗细设为“3 磅”，并复制出另一条曲线，如图 6.5.10 所示。

（17）在“插入”选项卡中的“插图”选项区中单击形状按钮，在弹出的下拉列表中选择“禁止符”，并在幻灯片中绘制一个符号。

（18）选中禁止符号，将其宽度和高度都设为“12.4 厘米”，粗细设为“3 磅”，填充色设为“红色”，效果如图 6.5.11 所示。

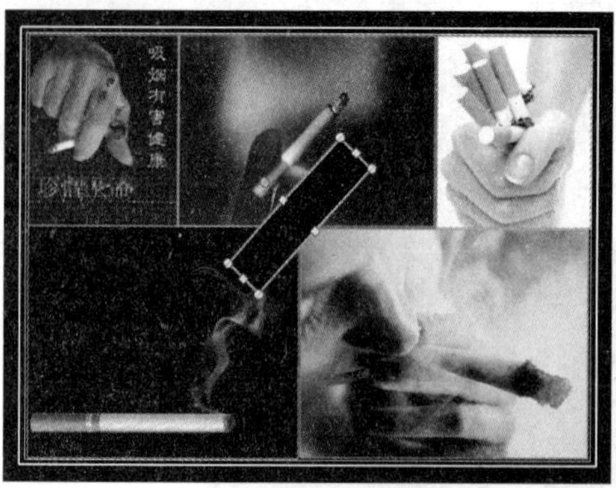
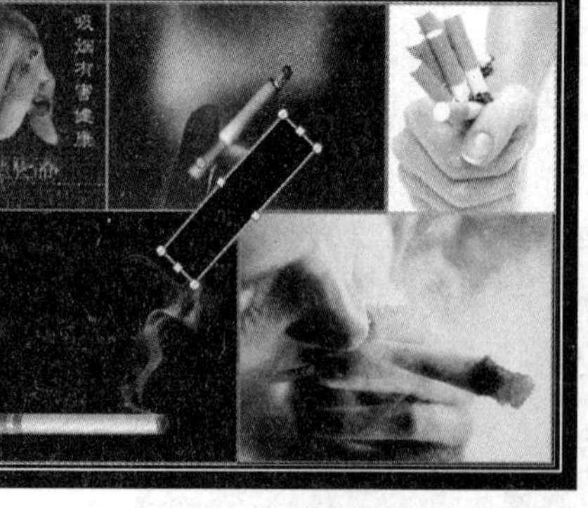

图 6.5.9　绘制矩形

图 6.5.10　复制曲线

（19）按住“Shift”键的同时依次分别单击绘制的矩形、曲线及禁止符，将它们选中后，按“Ctrl+G”键将其组合。

（20）选中该组合对象，将其移动至幻灯片的下方，如图 6.5.12 所示。

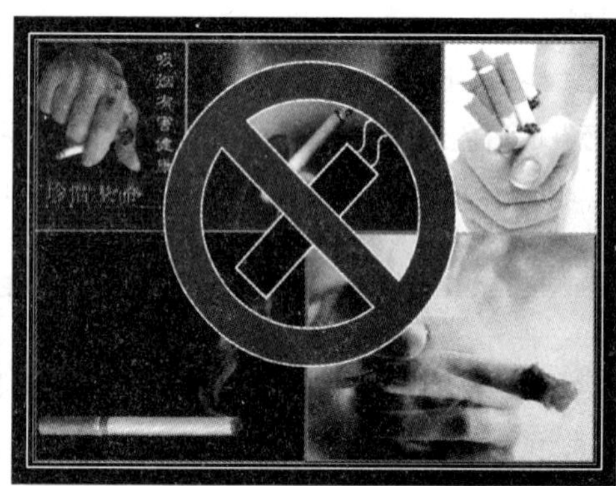

图 6.5.11　绘制禁止符

图 6.5.12　移动对象

（21）在该幻灯片中插入一个横排文本框，在其中输入文本，并将其字体设为“隶书”，大小设为“80”，文字颜色为“白色”，并添加文字阴影，如图 6.5.13 所示。

（22）选中第二张幻灯片，在“插入”选项卡中的“插图”选项区中单击 图片 按钮，在弹出的“插入图片”对话框中选择一张图片插入到幻灯片中并调整至适当位置，如图 6.5.14 所示。

图 6.5.13　添加文本

图 6.5.14　插入图片

（23）在该幻灯片中插入两个横排文本框，在其中输入如图 6.5.15 所示的文本。

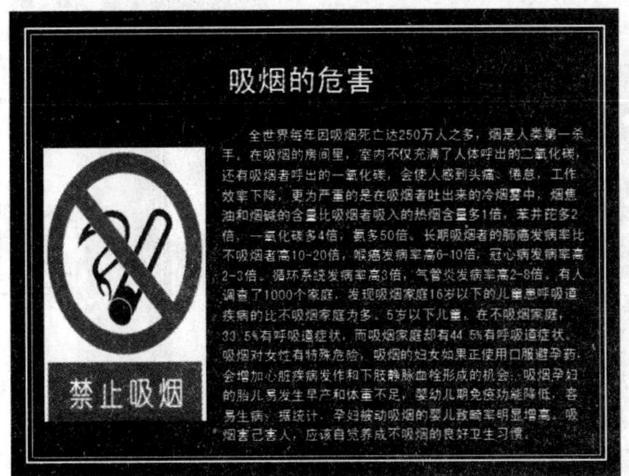

图 6.5.15　输入文本

（24）按两次“Ctrl+M”键，插入两张幻灯片。重复步骤（22），（23）的操作，分别在这两个幻灯片中插入图片和文本，如图 6.5.16 所示。

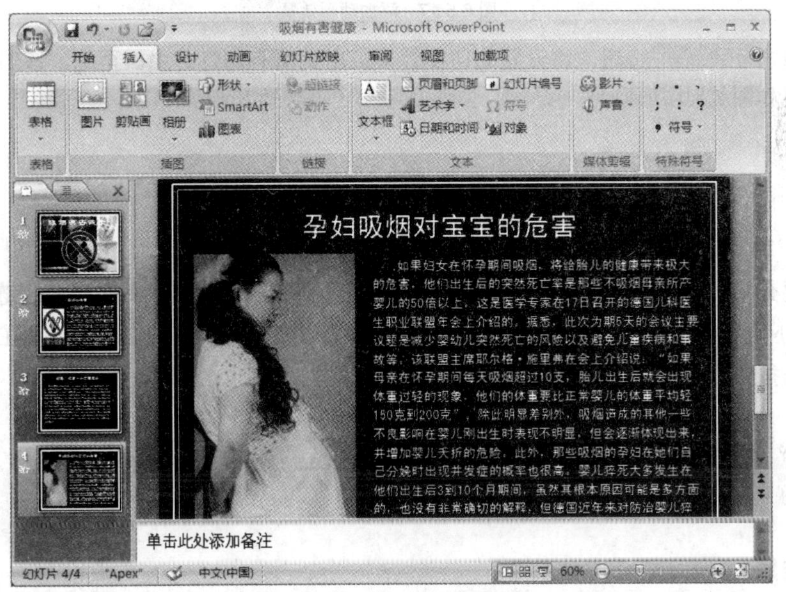

图 6.5.16　制作其他两张幻灯片

（25）切换到第一张幻灯片。选中第一张图片，在“动画”选项卡中的“动画”选项区中单击 自定义动画 按钮，打开“自定义动画”任务窗格。

（26）选择 添加效果 → 进入(E) → 其他效果(M)... 命令，在弹出的“添加进入效果”对话框中选择“渐入动画”选项。

（27）重复步骤（25），（26）的操作，为幻灯片中的其他图片以及文本添加动画效果，如图 6.5.17 所示。

（28）重复步骤（25）～（27）的操作，为其他 3 张幻灯片中的图片及文字添加动画效果。

（29）在“动画”选项卡中的“切换到此幻灯片”选项区中单击 ▾ 按钮，在弹出的下拉列表中选择“新闻快报”选项。在“切换声音”下拉列表中选择“照相机”选项，在“切换速度”下拉列表中选择“中速”选项。

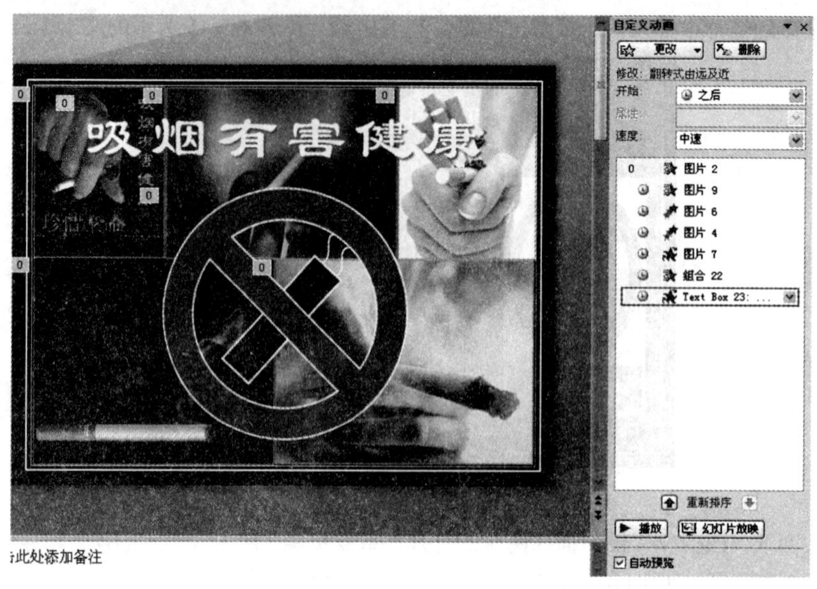

图 6.5.17 添加动画效果

（30）单击 全部应用 按钮，将设置的切换效果应用到所有幻灯片中。至此，该幻灯片已制作完成，最终效果如图 6.5.1 所示。

小 结

本章主要介绍了动画方案的应用、自定义动画方案、设置幻灯片切换效果以及超链接。通过本章的学习，读者应学会为幻灯片中的对象添加动画效果，会设置幻灯片的切换方式以及在幻灯片中插入超链接和动作按钮，以实现用户与幻灯片之间的交互。

过关练习六

一、填空题

1．使用 PowerPoint 2007 中提供的__________，可将预设的动画效果快捷地应用于幻灯片中。

2．PowerPoint 2007 中包含了 4 种类型的动画，分别是__________、__________、__________和飞入。

3．在自定义动画中，用户可以为幻灯片中的每个项目或对象设置__________、__________和退出动画效果。

二、选择题

1．在幻灯片中插入超链接时，可以将链接对象设置为（ ）。

A．原有文件或网页　　B．本文档中的位置

C．新建文档　　D．全选

2．在 PowerPoint 2007 中，用户可以将幻灯片的切换速度设置为（　）。

A．快速　　　　B．中速

C．慢速　　　　D．非常快

3．在 PowerPoint 2007 中添加超链接时，可以通过（　）方式进行。

A．插入超链接　　　　B．添加动作

C．插入动作按钮　　　　D．插入链接对象

三、问答题

1．如何在 PowerPoint 2007 中应用动画方案设置动画效果？

2．如何在 PowerPoint 2007 中设置幻灯片的切换效果？

3．如何在 PowerPoint 2007 中设置超链接？

四、上机操作题

1．为幻灯片中的对象设置动画效果。

2．为演示文稿中的各个幻灯片设置不同的切换效果。

3．在幻灯片中插入动作按钮，并设置链接对象。

第 7 章　放映幻灯片

制作演示文稿的目的是让观众观看的，因此，放映幻灯片是制作演示文稿的最后一道程序，也是用户需要重点掌握的内容。制作好的幻灯片，采用合适的放映类型，再选择适当的放映工具，可为用户的演讲起到锦上添花的效果。

本章重点

（1）设置放映方式。

（2）放映幻灯片。

7.1　设置放映方式

在放映幻灯片之前，必须先为其设置合适的放映方式，然后才能进行放映。

7.1.1　放映类型

打开要放映的演示文稿，在“幻灯片放映”选项卡中的“设置”选项区中单击设置幻灯片放映按钮，弹出“设置放映方式”对话框，如图 7.1.1 所示。

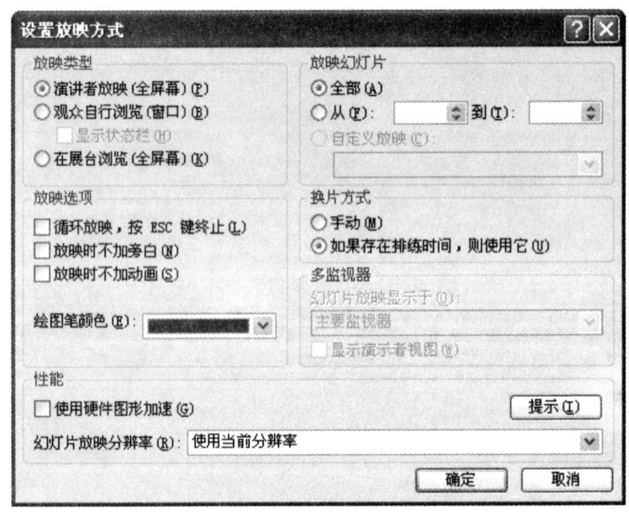

图 7.1.1　“设置放映方式”对话框

在此对话框中有放映类型、放映选项、放映幻灯片、换片方式以及性能 5 个设置区域。

1．演讲者放映（全屏幕）

在该对话框中的“放映类型”选项区中选中演讲者放映(全屏幕)(P)单选按钮，单击确定按钮，即可将演示文稿的放映类型设置为“演讲者放映（全屏幕）”，它主要用于演讲者亲自播放演示文

稿，也是系统默认的播放方式。在放映时，幻灯片全屏幕放映，可在单击鼠标时进行放映，也可以自动控制放映，并且可以控制幻灯片的放映进度和放映效果。

2．观众自行浏览（窗口）

在“放映类型”选项区中选中 观众自行浏览(窗口)(B) 单选按钮，单击 确定 按钮，即可将演示文稿的放映类型设置为“观众自行浏览（窗口）”，它是一种较小规模的幻灯片放映方式。放映时，演示文稿会出现在一个可缩放的窗口中，如图 7.1.2 所示。

图 7.1.2 幻灯片缩放窗口

在此窗口中观众不能用鼠标来切换播放的幻灯片，但可以通过滚动条下方的“下一张幻灯片”按钮或“上一张幻灯片”按钮来浏览所有幻灯片。

3．在展台浏览（全屏幕）

在“放映类型”选项组中选中 在展台浏览(全屏幕)(K) 单选按钮，单击 确定 按钮，即可将演示文稿的放映类型设置为“在展台浏览（全屏幕）”，它是一种自动运行放映演示文稿的方式，在“幻灯片浏览”视图中，不能用鼠标激活任何菜单，放映只能依赖计时方式来切换幻灯片，演示文稿会在放映结束后重新开始。如果要结束幻灯片的放映，按“Esc”键，则会返回到普通视图中。

7.1.2 排练计时

排练计时就是利用预演的方式，让系统将每张幻灯片在放映时所使用的时间记录下来，并累加从开始到结束的总时间数，然后应用于以后的放映中。用户也可以在“幻灯片切换”任务窗格中更改此时间值。排练幻灯片放映时间的具体操作步骤如下：

（1）打开要应用排练计时的演示文稿。

（2）在“幻灯片放映”选项卡中的“设置”选项区中选中 ☑ 使用排练计时 复选框，单击 排练计时 按钮，进入幻灯片的放映状态，并打开“预演”工具栏，该工具栏会自动显示放映的总时间和当前幻灯片的放映时间，如图 7.1.3 所示。

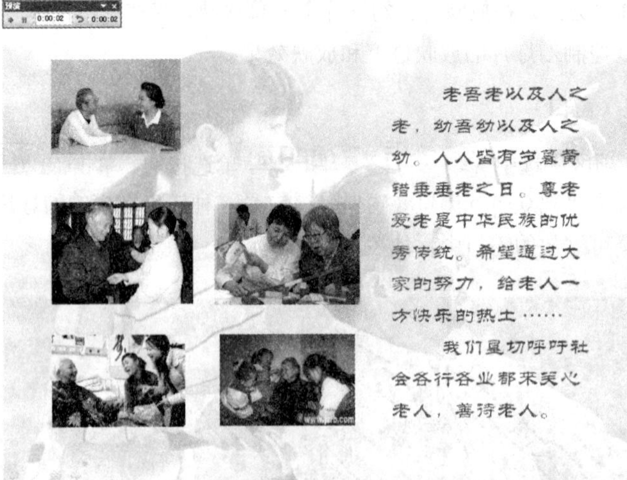

图 7.1.3　排练计时的幻灯片放映状态

（3）单击工具栏中的“下一项”按钮，或者在放映区域单击鼠标，可排练下一张幻灯片或下一项幻灯片动画效果的时间。

（4）单击工具栏中的“暂停”按钮，可以暂停排练计时。再次单击该按钮，可继续排练计时。

（5）单击工具栏中的“重复”按钮，可以重新为当前幻灯片录制排练时间。

（6）如果要结束排练计时，则可以按“Esc”键，并弹出如图 7.1.4 所示的提示框，提示用户是否保留新的幻灯片排练时间。

图 7.1.4　提示框

（7）单击 是(Y) 按钮关闭提示框，并自动切换到“幻灯片浏览”视图模式下，如图 7.1.5 所示。每张幻灯片的左下角均会显示出排练时间。

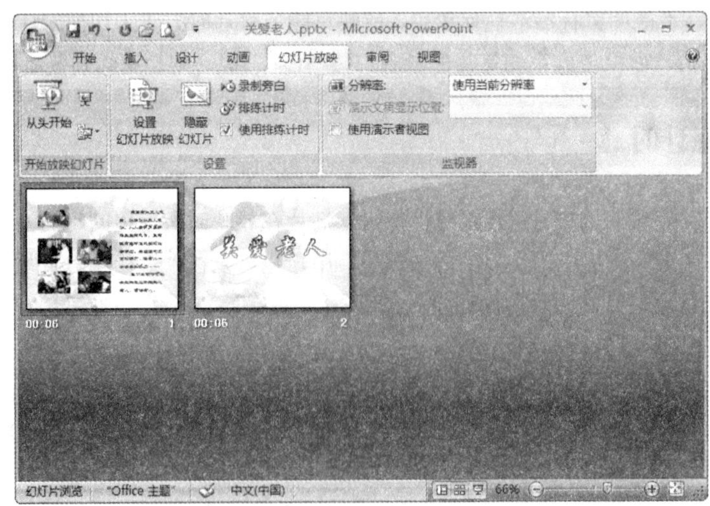

图 7.1.5　“幻灯片浏览”视图

7.1.3　自定义放映

当一个演示文稿中包含多张幻灯片，而针对某些观看对象又不能全部放映时，可使用 PowerPoint 中提供的“自定义放映”功能，将需要放映的幻灯片重新组合起来并加以命名，来组成一个新的适合观看的整体的演示文稿。创建自定义放映的具体操作步骤如下：

（1）打开需要设置自定义放映的演示文稿。

（2）在“幻灯片放映”选项卡中的“开始放映幻灯片”选项区中单击 自定义幻灯片放映 按钮，在弹出的下拉列表中单击 自定义放映(W)... 按钮，弹出“自定义放映”对话框，如图 7.1.6 所示。

（3）在该对话框中，单击 新建(N)... 按钮，弹出如图 7.1.7 所示的“定义自定义放映”对话框。

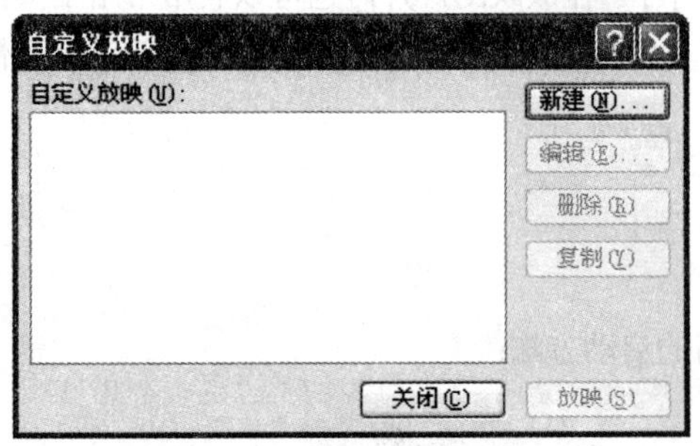

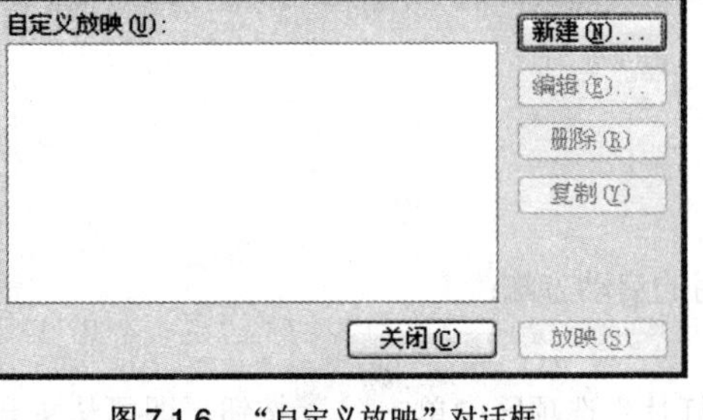

图 7.1.6　“自定义放映”对话框

图 7.1.7　“定义自定义放映”对话框

（4）在“定义自定义放映”对话框中，首先在“幻灯片放映名称”文本框中输入当前自定义放映的名称，如“网站 1”。然后在“在演示文稿中的幻灯片”列表框中单击选择需要设置为自定义放映内容的幻灯片标题，并单击 添加(A) >> 按钮将其添加到“在自定义放映中的幻灯片”列表框中。

（5）重复操作步骤（4），为自定义放映添加多个幻灯片，如图 7.1.8 所示。

（6）在“在自定义放映中的幻灯片”列表框中，单击选中添加的幻灯片标题，然后单击列表框右侧的“向上”按钮或“向下”按钮，可以重新调整自定义放映幻灯片的播放顺序。

（7）如果要删除多余的幻灯片，则可以在“在自定义放映中的幻灯片”列表框中选中该幻灯片标题名称，然后单击列表框左侧的 删除(R) 按钮即可。

（8）所有设置完成之后，单击 确定 按钮，返回到“自定义放映”对话框中，并且用户创建的自定义放映名称显示在该对话框的“自定义放映”列表框中，如图 7.1.9 所示。

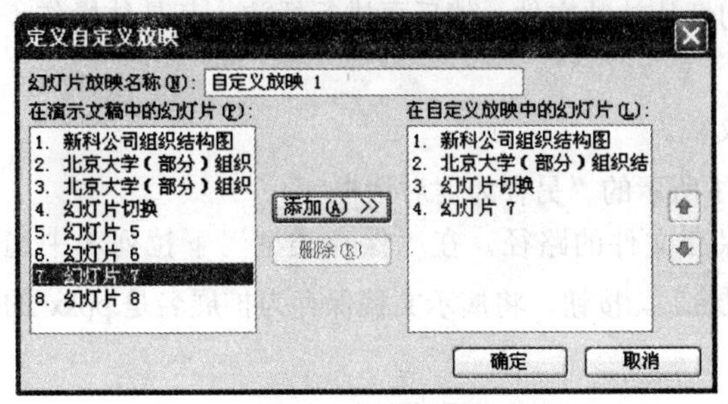

图 7.1.8　为自定义放映添加多个幻灯片

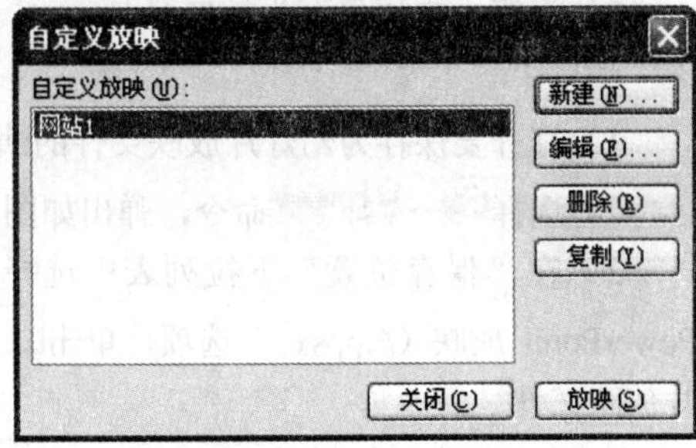

图 7.1.9　“自定义放映”对话框

（9）在“自定义放映”对话框中，如果要创建第二个自定义放映，则再次单击新建(N)...按钮，在弹出“定义自定义放映”对话框中进行设置；如果要重新编辑自定义放映的名称，则单击编辑(E)...按钮，在弹出的“定义自定义放映”对话框中输入新的自定义放映名称；如果要删除设置的自定义放映，则在选中需要删除的自定义放映后，单击删除(R)按钮即可。

（10）如果要播放自定义放映，则单击“自定义放映”对话框中的放映(S)按钮，以按照设置的自定义放映播放幻灯片并关闭对话框。

7.2 放映幻灯片

设置好幻灯片的放映方式后，就可以开始放映幻灯片了。在放映幻灯片时也可以利用常用工具控制播放，如使用绘图笔工具标记注释，使用播放控制工具控制幻灯片的切换、黑屏、白屏等，使用快捷键控制幻灯片的播放等。

7.2.1 启动幻灯片放映

启动幻灯片放映的方法有多种，以下为 4 种最常用的启动方法：

（1）在“幻灯片放映”选项卡中的“开始放映幻灯片”选项区中单击从头开始按钮，即可从头开始放映幻灯片。

（2）在“幻灯片放映”选项卡中的“开始放映幻灯片”选项区中单击从当前幻灯片开始按钮，即可从当前位置开始放映幻灯片。

（3）按“F5”快捷键。

（4）在窗口左下角的“视图切换按钮”区域单击“放映幻灯片”按钮。

除了可以使用以上 4 种方法放映幻灯片外，还可以使用以下两种方法进行放映。

（1）在未启动 PowerPoint 应用程序时播放幻灯片，其具体操作步骤如下：

1）在“我的电脑”或“资源管理器”窗口中找到要放映的文件。

2）在文件名上单击鼠标右键，从弹出的快捷菜单中选择显示(H)命令即可。

（2）将演示文稿保存为扩展名是.ppsx 的幻灯片放映文件，然后再进行播放，其具体操作步骤如下：

1）打开要保存为幻灯片放映文件的演示文稿。

2）选择→另存为(A)命令，弹出如图 7.2.1 所示的“另存为”对话框。

3）在“保存位置”下拉列表中选择要保存文件的路径，在“保存类型”下拉列表中选择“PowerPoint 放映（*.ppsx）”选项，单击保存(S)按钮，将演示文稿保存为扩展名是.ppsx 的幻灯片放映文件。

4）单击窗口右上角的“关闭”按钮，退出 PowerPoint 应用程序。

5）在“我的电脑”或“资源管理器”窗口中，打开保存放映文件的文件夹，如图 7.2.2 所示。此时在文件列表中可以看出，以扩展名.ppsx 保存的文件图标为形状。

图 7.2.1　“另存为”对话框

图 7.2.2　打开幻灯片放映文件所在的文件夹

6）双击要打开的幻灯片放映文件，或者在文件名上单击鼠标右键，从弹出的快捷菜单中选 显示(H) 命令，均可直接进入幻灯片的播放状态。

7.2.2　用鼠标或键盘控制放映

在幻灯片放映时，经常会遇到翻页、定位、会议记录、设置指针选项等操作，实现这些操作的方法大致可以分为使用键盘按钮和使用快捷鼠标两种。

1．切换到下一张幻灯片

在幻灯片放映状态下，若要切换到下一张幻灯片，可以使用下列操作方法中的任意一种。

（1）单击鼠标右键，从弹出的快捷菜单中选择 下一张(N) 命令，如图 7.2.3 所示。

（2）在幻灯片放映视图的任意位置单击鼠标。

（3）按“Space”键。

（4）按“Enter”键。

（5）按“Page Down”键。

（6）按“↓”或“→”方向键。

2．切换到上一张幻灯片

在幻灯片放映状态下，如果要切换到上一张幻灯片，可以使用以下方法中的任意一种。

（1）单击鼠标右键，从弹出的快捷菜单中选择 上一张(P) 命令。

（2）按“Back Space”键。

（3）按“↑”或“←”方向键。

3．切换到指定幻灯片

在放映幻灯片时，如果要切换到指定幻灯片，可以使用以下方法中的任意一种。

（1）单击鼠标右键，从弹出的快捷菜单中选择 定位至幻灯片(G) ▸ 命令，弹出如图 7.2.4 所示的级联菜单。在级联菜单中列出了演示文稿中的所有幻灯片名称，从中选择需要转换到的幻灯片即可。

（2）若在幻灯片中设有动作按钮，则可以直接单击该按钮，即可链接到指定的幻灯片中。

（3）输入需要切换到指定幻灯片的编号，按回车键。

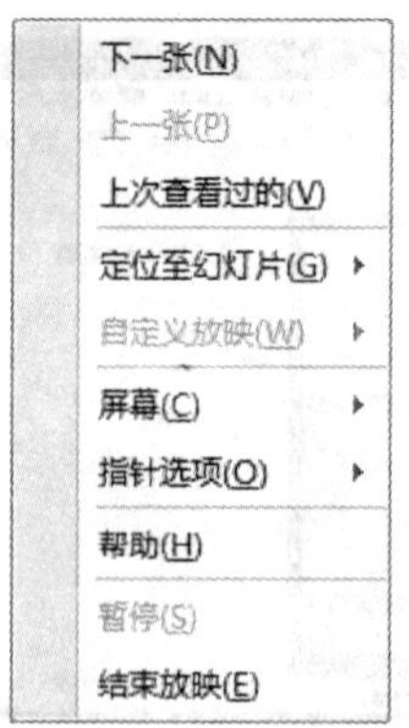

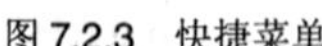
图 7.2.3 快捷菜单

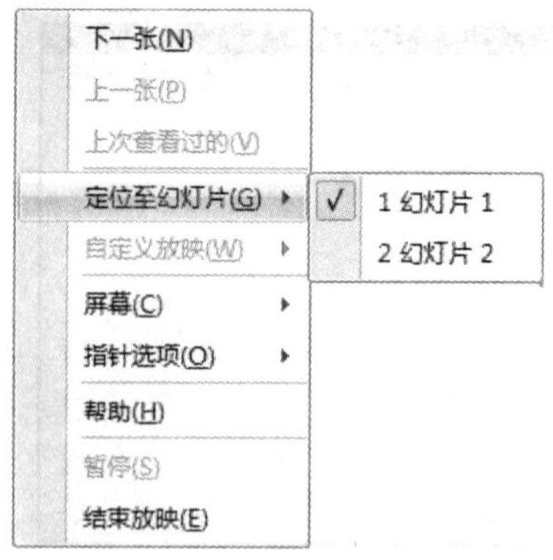

图 7.2.4 “定位至幻灯片”级联菜单

7.2.3 墨迹注释

在 PowerPoint 2007 中，墨迹注释的作用就是使用鼠标或 Tablet 笔来做备注，观众可在演示期间查看这些备注、注释或回答在播放演示期间被问的问题，也可使用墨迹强调演示文稿的某部分。

用户可以将播放演示文稿期间所添加的墨迹保存在幻灯片中，以便在以后通过参考手写备注对演示文稿进行编辑和更新，还可以选择打开或关闭墨迹注释。

1. 添加墨迹注释

在幻灯片放映时，添加墨迹注释的具体操作步骤如下：

（1）在幻灯片放映状态下，单击“放映导航”工具栏中的“绘图笔”按钮，或者单击鼠标右键，从弹出的快捷菜单中选择 指针选项(O) 命令，均可弹出如图 7.2.5 所示的下拉菜单。

（2）在此下拉菜单中选择一种绘图笔，如“毡尖笔”。在 墨迹颜色(C) 级联菜单中选择一种墨迹颜色。

（3）在幻灯片上按住鼠标左键进行标记，可以随意书写或涂画，如图 7.2.6 所示。

图 7.2.5 “绘图笔”下拉菜单

图 7.2.6 添加墨迹注释

（4）如果要擦除涂写错误的部分或全部墨迹，则可以在图 7.2.5 所示的下拉菜单中选择 橡皮擦(R) 或 擦除幻灯片上的所有墨迹(E) 命令（使用墨迹注释后，该命令将变为可用状态）。其中，选择 橡皮擦(R) 命令时，鼠标指针将变成“橡皮擦”形状，将“橡皮擦”拖到

要删除的墨迹上拖动鼠标即可将其擦除。

（5）擦除完成后，在 指针选项(O) ▸ 级联菜单中，再次选择绘图笔样式，可继续添加墨迹注释。

（6）添加完成注释墨迹后，单击“放映导航”工具栏中的“绘图笔”按钮，从弹出的下拉菜单中选择 箭头(A) 命令，可以让光标恢复为箭头形状，并开始播放幻灯片。

（7）幻灯片放映结束后，按“Esc”键退出幻灯片时，如果有墨迹存在，则会弹出如图 7.2.7 所示的提示框，提示用户是否保留墨迹注释，根据需要单击 保留(K) 或 放弃(D) 按钮即可。

图 7.2.7　提示框

提示 对于保留在幻灯片中的墨迹注释，若希望在下次放映幻灯片时不被显示出来，则可以在幻灯片中单击鼠标右键，从弹出的快捷菜单中选择 屏幕(C) ▸ → 显示/隐藏墨迹标记(A) 命令，将其隐藏起来。

2. 更改墨迹颜色

在幻灯片的普通视图模式下，如果要更改保留在幻灯片中的墨迹注释颜色，其具体操作步骤如下：

（1）在幻灯片的普通视图模式下，打开要更改墨迹注释颜色的幻灯片，如图 7.2.8 所示。

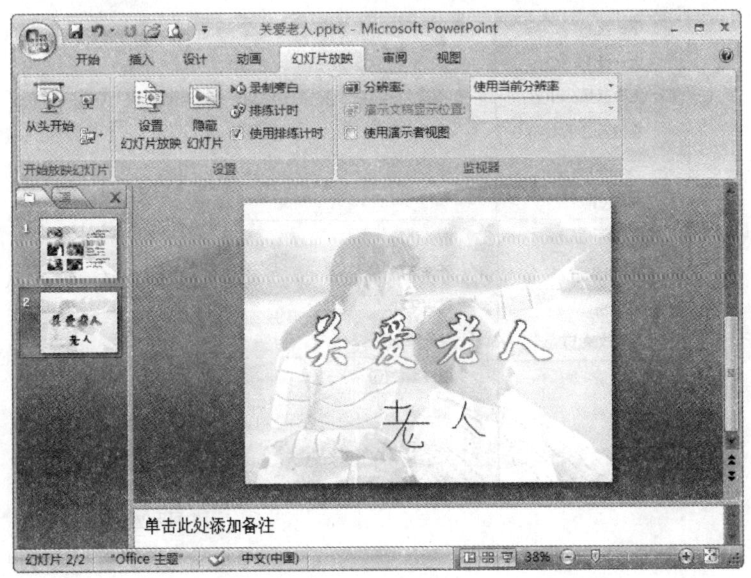

图 7.2.8　要更改的墨迹注释颜色幻灯片

（2）单击选中要更改颜色的墨迹线条，单击鼠标右键，弹出如图 7.2.9 所示的快捷菜单，从中选择 设置墨迹格式(I)... 命令，弹出如图 7.2.10 所示的“设置墨迹格式”对话框。

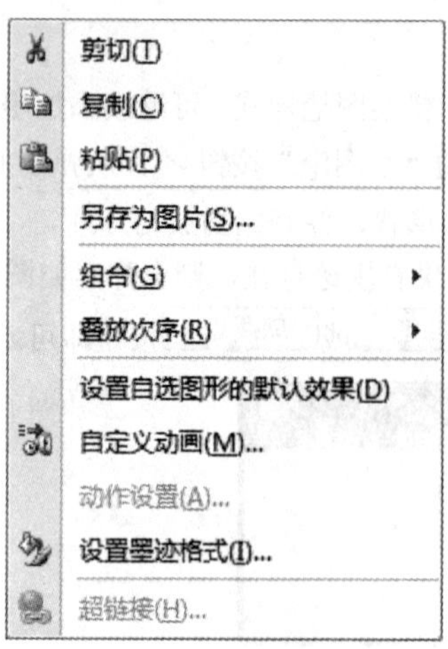

图 7.2.9 快捷菜单

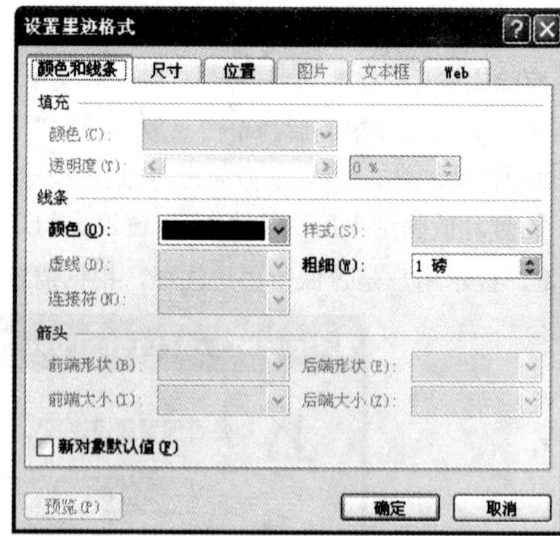

图 7.2.10 “设置墨迹格式”对话框

（3）在该对话框中的“线条”选区中，单击“颜色”列表框右侧的下拉按钮，在其下拉列表中选择需要的墨迹颜色。

（4）单击确定按钮，即可将墨迹注释更改为选择的颜色。

7.2.4 显示或隐藏指针

在放映幻灯片的过程中，可以根据需要将鼠标指针隐藏或显示出来，其具体操作步骤如下：

（1）在幻灯片放映状态下，单击鼠标右键，从弹出的快捷菜单中选择指针选项(O)→箭头选项(O)命令，弹出如图 7.2.11 所示的级联菜单。

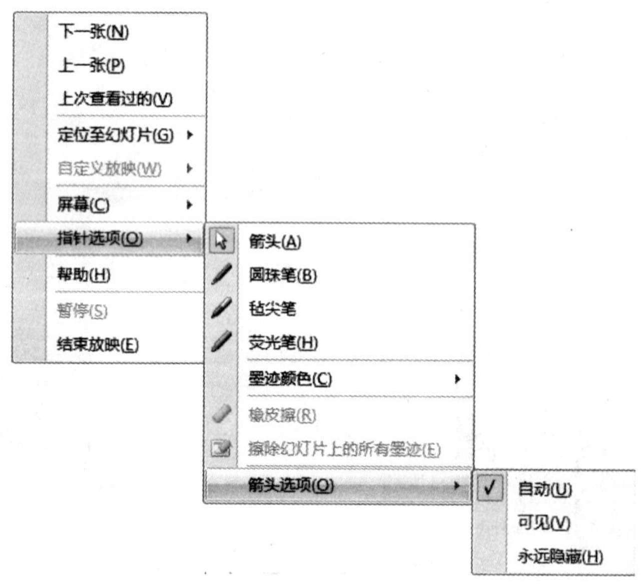

图 7.2.11 “箭头选项”级联菜单

（2）在级联菜单中，如果要显示鼠标指针，则选择自动(U)或可见(V)命令。如果要隐藏鼠标指针，则选择永远隐藏(H)命令。

7.2.5　屏幕显示

在放映幻灯片时，有时需要板书一些内容，这时就可以使用屏幕显示功能模拟一块黑板或白板。设置屏幕显示的具体操作步骤如下：

（1）在幻灯片放映状态下，单击鼠标右键，从弹出的快捷菜单中选择 屏幕(C) 命令，弹出如图 7.2.12 所示的级联菜单。

（2）在级联菜单中，如果要设置黑屏，则选择 黑屏(B) 命令；如果要设置白屏，则选择 白屏(W) 命令；如果要从当前幻灯片放映状态切换至其他程序，则选择 切换程序(P) 命令。

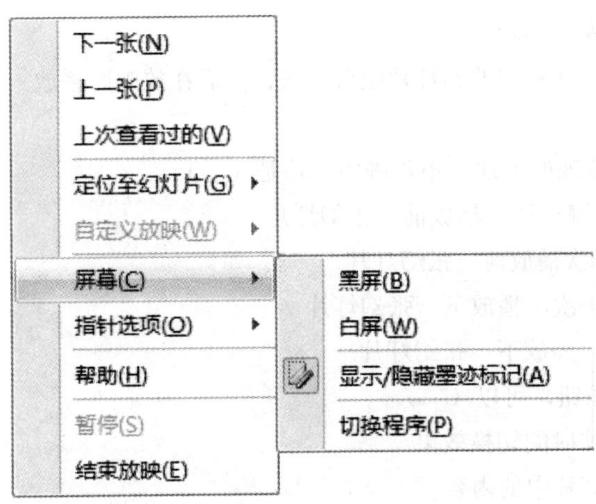

图 7.2.12　“屏幕”级联菜单

（3）再次单击鼠标，可返回到幻灯片放映状态，以继续播放幻灯片。

小　　结

本章主要介绍了设置放映方式以及放映幻灯片。通过本章的学习，读者应掌握根据需要设置幻灯片的放映方式，并会放映幻灯片以及对幻灯片的放映进行控制。

过关练习七

一、填空题

1．在 PowerPoint 2007 中，用户可以将幻灯片的放映类型设置为__________、__________和在展台浏览。

2．__________主要用于演讲者亲自播放演示文稿，也是系统默认的播放方式。

3．__________是一种较小规模的幻灯片放映方式。放映时，演示文稿会出现在一个可缩放的窗口中。

4．在放映幻灯片的过程中，如果要切换幻灯片，可按__________、__________、__________、

__________和“→”方向键。

二、选择题

1．在放映幻灯片时用户不可设置的是（　）。

A．设置幻灯片的放映范围

B．选择以观众自行浏览方式放映

C．设置放映幻灯片比例

D．选择以演讲者放映方式放映

2．自定义放映是指（　）。

A．在放映时，可随意跳转到其他的幻灯片

B．设置幻灯片放映时的顺序

C．将演示文稿中一些不同的幻灯片组合起来，然后在放映时播放

D．设置放映的切换方式

3．以下控制幻灯片放映的方法，不正确的一项是（　）。

A．按“Page Up”键一次，播放前一张幻灯片

B．按“Ctrl”键一次播放前一张幻灯片

C．按向右方向键一次，播放下一张幻灯片

D．按空格键一次，播放下一张幻灯片

4．为幻灯片中添加按钮，可以（　）。

A．编辑幻灯片放映时的切换效果

B．放映时修改幻灯片中的内容

C．将演示文稿以电子邮件形式发送

D．链接到其他的幻灯片，运行一个程序，激活一段影片或网络中任意地方

三、问答题

1．幻灯片的放映方式有哪几种类型？

2．如何在放映幻灯片的过程中使用绘图笔？

3．如何用排练计时？

4．如何在放映幻灯片时切换幻灯片？

四、上机操作题

1．打开一个幻灯片，试用不同的方式进行放映。

2．在放映幻灯片的过程中使用不同的方法切换幻灯片。

3．在幻灯片中添加墨迹注释。

第 8 章　打印输出演示文稿

演示文稿制作完成后，不仅可以在屏幕上演示，还可以把它打印在纸上，也可以将幻灯片制作成 35 mm 胶片，在放映机上放映。

本章重点

（1）打印演示文稿。

（2）打包演示文稿。

8.1　打印演示文稿

演示文稿制作完成后，既可以通过放映幻灯片展示出来，还可以通过打印机将其打印出来以备他用。在打印演示文稿前，首先要对幻灯片进行页面设置。

8.1.1　页面设置

要对页面进行设置，在“设计”选项卡中的“页面设置”选项区中单击 按钮，弹出“页面设置”对话框，如图 8.1.1 所示。

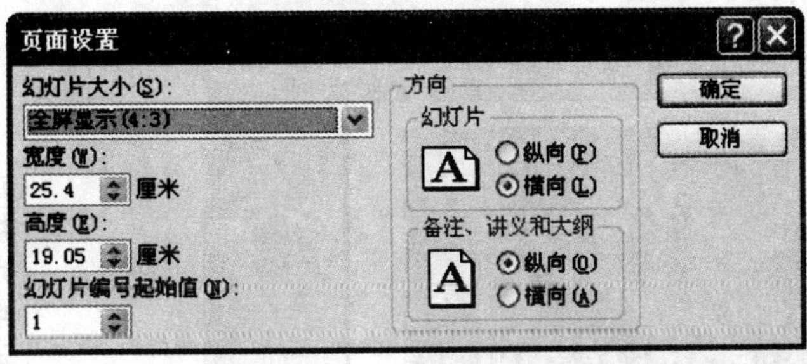

图 8.1.1　“页面设置”对话框

1．设置幻灯片的大小

在该对话框中的“幻灯片大小”下拉列表框中选择合适的选项，也可以在“宽度”和“高度”微调框中根据需要自定义幻灯片的大小。

2．设置幻灯片编号起始值

用户可以在“幻灯片编号起始值”微调框中设置幻灯片编号的起始值。幻灯片编号起始值可以是任意数值，例如图 8.1.1 中所示，设置编号起始值为“1”。

3. 设置幻灯片方向

在“页面设置”对话框右边的“方向”区域有两种幻灯片方向的设置。一种是用于幻灯片；另一种是用于备注、讲义和演示文稿大纲。用户可以根据需要分别设置它们的方向（见图 8.1.1），幻灯片的方向为⊙横向(L)，备注、讲义和大纲的方向为⊙纵向(O)。

如果用户要快速切换幻灯片的方向，可在“页面设置”选项卡中的“页面设置”选项区中单击幻灯片方向按钮，弹出其下拉列表。在该列表中单击纵向按钮或横向按钮，即可快速切换幻灯片的方向。

8.1.2 打印预览

在打印幻灯片之前，可以首先预览打印效果。使用打印预览，可以查看幻灯片、备注和讲义用纯黑白或灰度显示的效果，并可以在打印前调整对象的外观。打印预览幻灯片的具体操作步骤如下：

（1）在“快速访问工具栏”中单击“打印预览”按钮或者选择→打印(P)→打印预览(V)命令，均可预览幻灯片的打印效果，如图 8.1.2 所示。

（2）在打印预览视图中，鼠标指针将变成形状，单击可以放大预览页面，再次单击鼠标可以恢复整页预览。

（3）如果用户要分别预览演示文稿的幻灯片、讲义、备注页及大纲形式，则在“打印预览”选项卡中的“页面设置”选项区中的“打印内容”文本框幻灯片右侧的下拉按钮，弹出如图 8.1.3 所示的下拉列表，从下拉列表中选择需要的选项即可。

图 8.1.2 预览所要打印的幻灯片

幻灯片
讲义(每页 1 张幻灯片)
讲义(每页 2 张幻灯片)
讲义(每页 3 张幻灯片)
讲义(每页 4 张幻灯片)
讲义(每页 6 张幻灯片)
讲义(每页 9 张幻灯片)
备注页
大纲视图

图 8.1.3 打印内容下拉列表

（4）如果要更改预览时的显示比例，可在“显示比例”选项区中单击显示比例按钮，弹出“显示比例”对话框，如图 8.1.4 所示。

（5）在该对话框中选择合适的比例，单击确定按钮，即可更改预览时的比例。如果要使幻灯片以适合屏幕大小显示，单击适应窗口大小按钮即可。

（6）如果要为幻灯片添加页眉、页脚，或更改其颜色，可在“打印”选项区中单击选项按钮，即可弹出其下拉菜单，如图 8.1.5 所示。

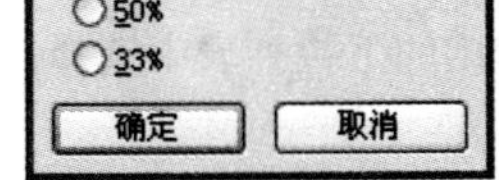

图 8.1.4　“显示比例”对话框

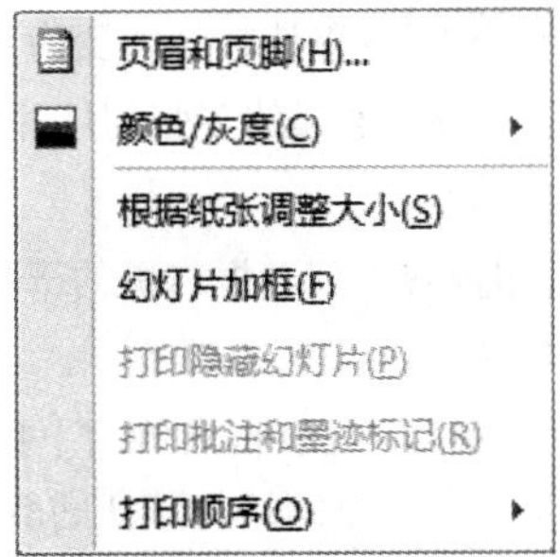

图 8.1.5　选项下拉菜单

（7）如果要为幻灯片添加页眉和页脚，可选择页眉和页脚(H)...命令；如果要更改预览内容的颜色，可选择颜色/灰度(C)命令，在其子菜单中选择合适的选项即可。

（8）如果预览的演示文稿中有多张幻灯片，在“预览”选项区中单击下一页按钮或上一页按钮，将切换至其他需要预览的幻灯片中。

（9）预览工作完成之后，单击“预览”选项区中的关闭打印预览按钮，可以退出幻灯片预览状态，并返回到幻灯片普通视图模式下。

8.1.3　打印输出

页面设置及打印预览完成之后，就可以直接将幻灯片打印输出了。在打印输出时，也可以进行打印机、打印份数及打印范围等参数的设置。设置打印参数及打印输出的具体操作步骤如下：

（1）选择→打印(P)命令，弹出如图 8.1.6 所示的“打印”对话框。

图 8.1.6　“打印”对话框

（2）在“打印机”选区中，单击“名称”列表框右侧的下拉按钮，在弹出的下拉列表中选择需要使用的打印机，同时，可在列表框下方显示的信息中查看该打印机的当前状态。

（3）在“打印范围”选区中，若选中⊙全部(A)单选按钮，可以设置打印演示文稿中所有的幻灯片；若选中⊙当前幻灯片(C)单选按钮，则可以设置打印当前显示的幻灯片；如果在演示文稿中有选中的幻灯片，则⊙选定幻灯片(S)单选按钮将变为可选状态，选中该单选按钮可以设置打印当前选中的幻灯片；如果要打印连续或不连续的多张幻灯片，则选中⊙幻灯片(I):单选按钮，然后在显示的文本框中输入要打印的幻灯片编号。

（4）单击“打印内容”列表框右侧的下拉按钮，在弹出的下拉列表中可以选择打印幻灯片、讲义、备注页或大纲视图。

（5）单击“颜色/灰度”列表框右侧的下拉按钮，在弹出的下拉列表中选择打印幻灯片的颜色，若选择“颜色”选项，则将以幻灯片默认的颜色打印输出。

（6）在“份数”选区中设置幻灯片的打印份数，以及是否逐份打印。

（7）在“讲义”选区中设置讲义的打印方式。

（8）所有设置完成之后，单击确定按钮，将直接输送到打印机并打印输出。

8.2 打包演示文稿

当用户制作完演示文稿，需要将其在其他计算机上演示，但又不知这些计算机上是否安装有 PowerPoint 时，用户可以将演示文稿打包到文件夹或打包成 CD。然后再将其解包、还原，在需要的计算机上运行该演示文稿。

在打包演示文稿时，既可以打包演示文稿中的文件和字体，还可以打包 PowerPoint 播放器，这样就不用担心所用的计算机上有没有安装新版本的 PowerPoint，同样可以播放演示文稿。

8.2.1 打包成 CD

用户可以将演示文稿打包到文件夹或者打包成 CD。下面分别对这两种方法进行介绍。

1. 打包到文件夹

要将演示文稿打包到文件夹，其具体操作步骤如下：

（1）首先打开要打包的演示文稿。

（2）选择→发布→CD 数据包命令，弹出如图 8.2.1 所示的“打包成 CD”对话框。

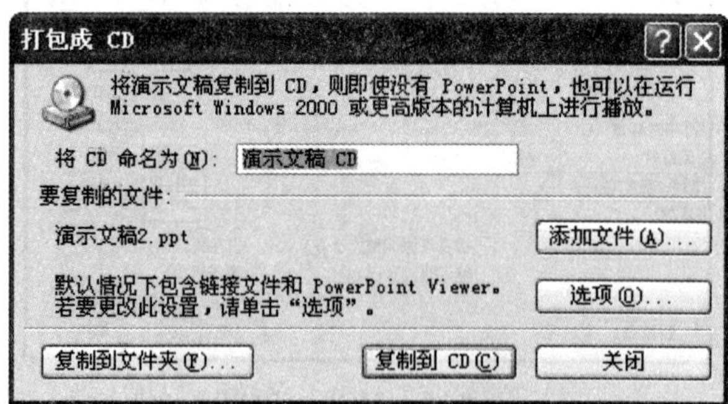

图 8.2.1 “打包成 CD”对话框

（3）在如图 8.2.1 所示的对话框中单击 选项(O)... 按钮，弹出如图 8.2.2 所示的“选项”对话框。

（4）在如图 8.2.2 所示的对话框中分别选中下面 3 个选项：

1）当选中 ⊙查看器程序包(更新文件格式以便在 PowerPoint Viewer 中运行)(V) 单选按钮时，用户可以在没有使用 PowerPoint 时播放演示文稿，而且还可以在“选择演示文稿在播放器中的播放方式”下拉列表框中选择一种播放的方式，如图 8.2.2 中所示的为“按指定顺序自动播放所有演示文稿”方式。

2）当选中 ☑链接的文件(L) 复选框时，则打包的演示文稿中含有链接关系的文件。

3）当选中 ☑嵌入的 TrueType 字体(E) 复选框时，打包的演示文稿可以确保在其他计算机上能看到正确的字体。

（5）用户可以在“打开每个演示文稿时所用密码”文本框中输入密码，用来保护文件。然后单击 确定 按钮，这时弹出一个“确认密码”对话框，如图 8.2.3 所示。

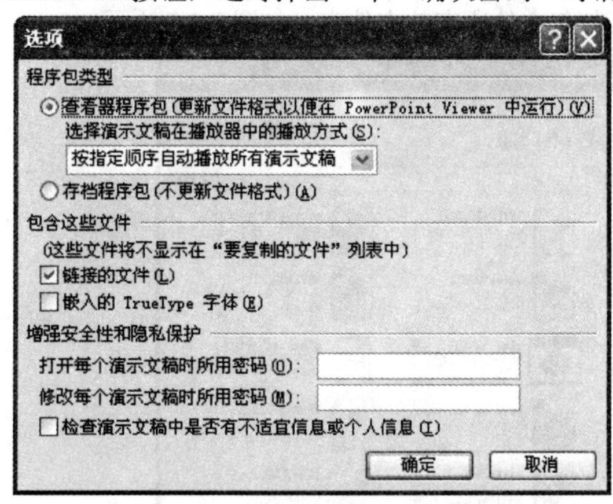

图 8.2.2　“选项”对话框

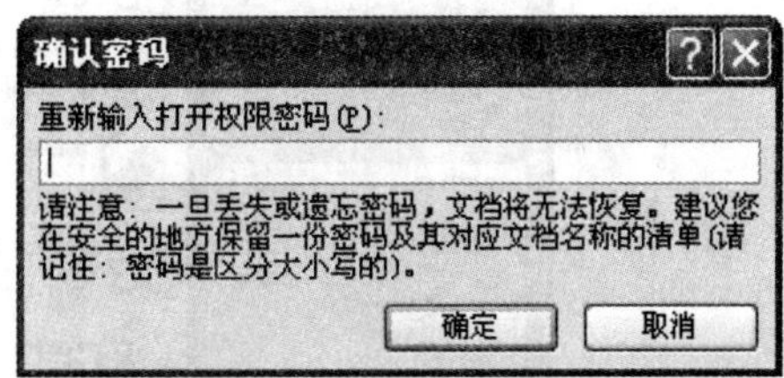

图 8.2.3　“确认密码”对话框

（6）在图 8.2.3 中的文本框中再次输入密码，单击 确定 按钮，返回到如图 8.2.1 所示的“打包成 CD”对话框。

（7）在该对话框中单击 复制到文件夹(F)... 按钮，弹出如图 8.2.4 所示的“复制到文件夹”对话框。

图 8.2.4　“复制到文件夹”对话框

（8）在该对话框中的“位置”文本框中输入打包演示文稿的详细路径。

（9）单击 确定 按钮，即可开始打包。

2. 打包成 CD

演示文稿除了可以打包到文件夹外还可以将文件打包成 CD。要将演示文稿打包成 CD，其具体操作步骤如下：

（1）打开要进行打包的演示文稿。

（2）将 CD 插入到 CD 驱动器。

（3）选择 → 发布(U) → CD 数据包(K) 将演示文稿和媒体链接复制到可以刻录到 CD 上的文件夹。命令，弹出“打包到 CD”对话框，如图 8.2.1 所示。

（4）在该对话框中的“将 CD 命名为”文本框中输入名称。

（5）单击 复制到 CD(C) 按钮，即可开始打包。

如果用户在计算机上没有安装录制设备如刻盘机，则不能完成将演示文稿打包成 CD 的操作。

8.2.2 还原打包文件

打包后的演示文稿文件类型并没有改变，只是在文件夹中包含了 PowerPoint 播放器及所需库文件。如果要运行打包的演示文稿，其具体操作步骤如下：

（1）在“我的电脑”或 CD 驱动器中，打开打包文件所在的文件夹，如图 8.2.5 所示。

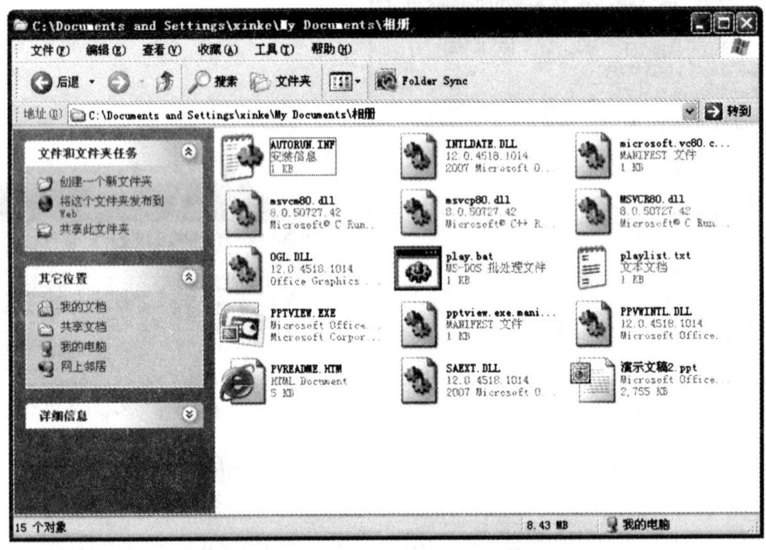

图 8.2.5 打开打包文件所在的文件夹

（2）双击批处理文件图标 play.bat，可启动 PowerPoint Viewer 应用程序，并播放打包的所有演示文稿。

8.2.3 通过电子邮件传递演示文稿

如果要将制作完成的演示文稿以电子邮件的方式发送出去，例如发送至某个公司或保存在自己的邮箱里，就可以通过 Office 2007 内置的电子邮件来完成此操作。通过电子邮件传递演示文稿，其具体操作步骤如下：

（1）打开要传递的演示文稿。

（2）选择 → 发送(D) → 电子邮件(E) 以电子邮件附件方式发送演示文稿副本。命令，打开 Outlook 2007 应用程序，如图 8.2.6 所示。

（3）在“收件人”文本框中输入收件人的邮箱地址。

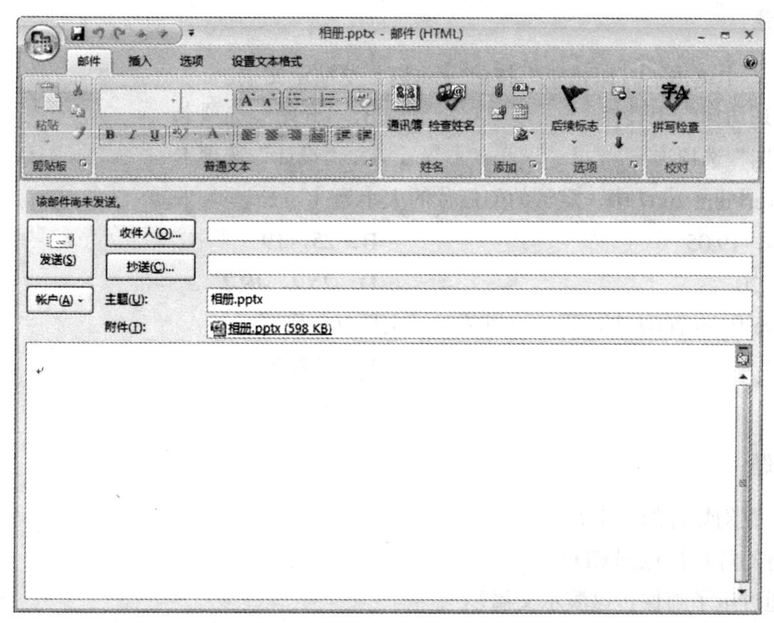

图 8.2.6 用 Outlook 以附件形式发送演示文稿

（4）在“抄送”文本框中输入抄送人的邮箱地址，可输入多个邮箱地址，每个地址之间用逗号隔开，也就是可以将该演示文稿一次发送给多人。

（5）在下面的内容文本框中可以输入邮件的内容，设置完成后单击 发送(S) 按钮即可。

小 结

本章主要介绍了打印演示文稿以及打包演示文稿。通过本章的学习，读者应学会对演示文稿的页面进行设置，以及将演示文稿打包到文件夹和 CD。

过关练习八

一、填空题

1. 在 PowerPoint 2007 中，页面设置主要是对幻灯片的__________、__________和方向进行设置。

2. 设置演示文稿的方向时，一般将幻灯片的方向设置为__________，备注、讲义和大纲的方向设置为__________。

3. 使用__________，可以__________、__________和__________，并可以在打印前调整对象的外观。

4. 在打印输出时，也可以对__________、__________等参数进行设置。

二、选择题

1. 在（ ）中单击“打印预览”按钮可以预览演示文稿。

   A.“快速访问”工具栏　　B.“开始”选项卡

   C.“视图”选项卡　　D.“设计”选项卡

2. 在 PowerPoint 2007 中，默认的幻灯片的大小为（ ）。

   A. 25.4，19.05　　B. 25，19

   C. 26，20　　D. 25.2，19.2

3. 在 PowerPoint 2007 中，用户可以将演示文稿打包到（ ）。

   A. 文件　　B. 文件夹

   C. CD　　D. 硬盘

三、问答题

1. 如何设置幻灯片的大小？
2. 如何将幻灯片打包到 CD？
3. 如何通过电子邮件传递演示文稿？

四、上机操作题

1. 打开一个演示文稿，对其页面进行设置。
2. 将演示文稿打包到 CD。

第 9 章　实例精解

为了更好地了解并掌握 PowerPoint 2007，本章准备了一些具有代表性的实例。所举实例由浅入深地贯穿本书的知识点，使读者通过对本章实例的学习，能够熟练掌握该软件的强大功能。

本章重点

（1）教学课件。

（2）诺基亚手机产品演示。

（3）结婚纪念册。

（4）环境保护公益广告。

（5）制作“陕西旅游景点”幻灯片。

实例 1　教学课件

创作目的

本例制作教学课件，最终效果如图 9.1.1 所示。

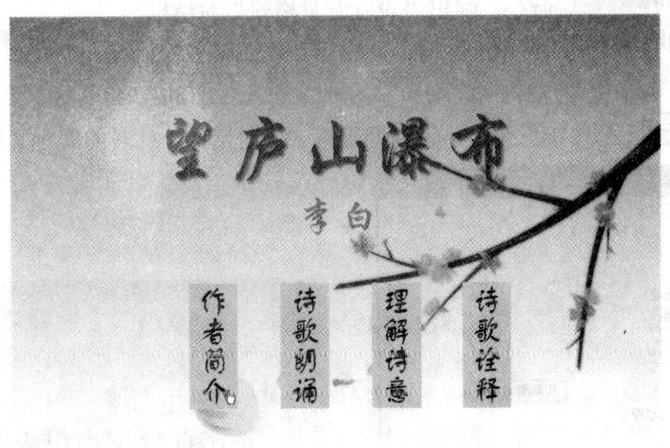

图 9.1.1　效果图

创作步骤

（1）打开 PowerPoint 2007，新建一个空白演示文稿。

（2）按“Ctrl+M”键，插入一张新的幻灯片。

（3）在“视图”选项卡中的“演示文稿视图”选项区中单击 幻灯片母版 按钮，切换到幻灯片母版视图，如图 9.1.2 所示。

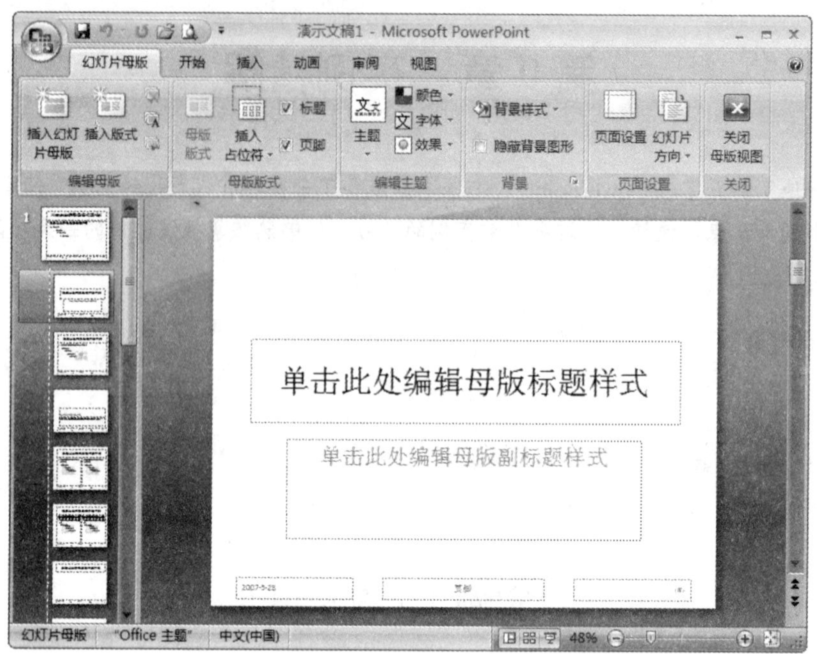

图 9.1.2　幻灯片母版视图

（4）选中“标题幻灯片版式”幻灯片，在“背景”选项区中单击背景样式按钮，在弹出的快捷菜单中选择设置背景格式(B)...命令，弹出“设置背景格式”对话框。

（5）选中◎图片或纹理填充(P)单选按钮，此时对话框如图 9.1.3 所示。单击文件(F)...按钮，从弹出的“插入图片”对话框中选择一幅图片，单击插入(S)按钮将其插入到演示文稿中。

（6）单击关闭按钮，关闭“设置背景格式”对话框，此时的演示文稿如图 9.1.4 所示。

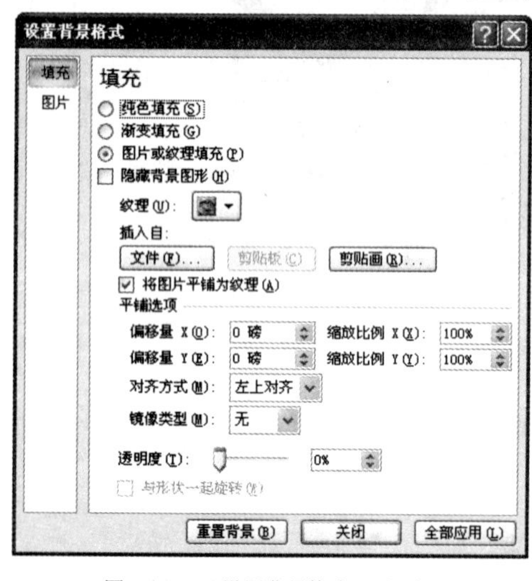

图 9.1.3　“设置背景格式”对话框

图 9.1.4　更改背景图片后的演示文稿

（7）选中“标题和内容版式”幻灯片，重复步骤（4）～（6）的操作，更改其背景图片。

（8）在“关闭”选项区中单击关闭母版视图按钮，关闭幻灯片母版视图，返回到普通视图中。

（9）选中第 1 张幻灯片，在标题占位符中输入文本“望庐山瀑布”，将字体设置为“华文行楷”，字号为“80”，字体颜色为“紫色”，将其移动到幻灯片中的合适位置，如图 9.1.5 所示。

（10）在副标题占位符中输入文本“李白”，设置字体为“华文行楷”，字号为“80”，字体颜色为“紫色”，如图 9.1.6 所示。

图 9.1.5　输入标题

图 9.1.6　输入副标题

（11）在“插入”选项卡中的“文本”选项区中单击 文本框 按钮，在弹出的下拉列表中选择 垂直文本框(V) 选项。在幻灯片中单击并输入文本“作者简介”。

（12）将其字体设置为“文鼎 CS 舒同”，字号设置为“32”。选中该文本框，按“Ctrl+C”键复制，再按“Ctrl+V”键粘贴。

（13）选中复制的文本框，将其移至合适位置。将复制后的文本框中的内容选中后删除，将其内容改为“诗歌朗诵”，如图 9.1.7 所示。

（14）重复步骤（10），（11）的操作，复制出另外两个文本框，将文字改为“理解诗意”和“诗歌诠释”。

（15）将所有文本框选中，在“格式”选项卡中的“排列”选项区中单击 对齐 按钮，在弹出的下拉菜单中选择 横向分布(H) 和 顶端对齐(T) 选项，此时的效果如图 9.1.8 所示。

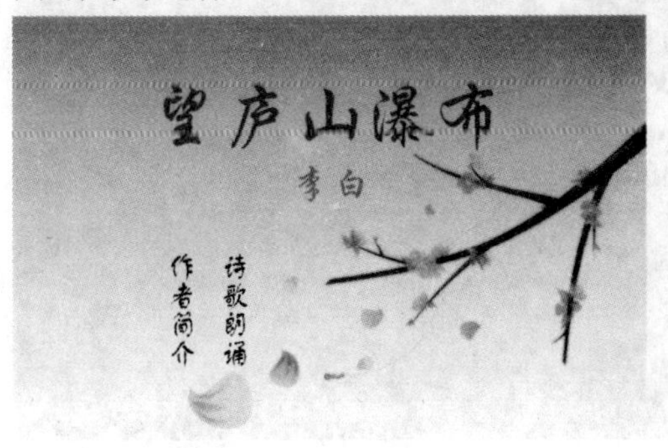

图 9.1.7　复制文本框

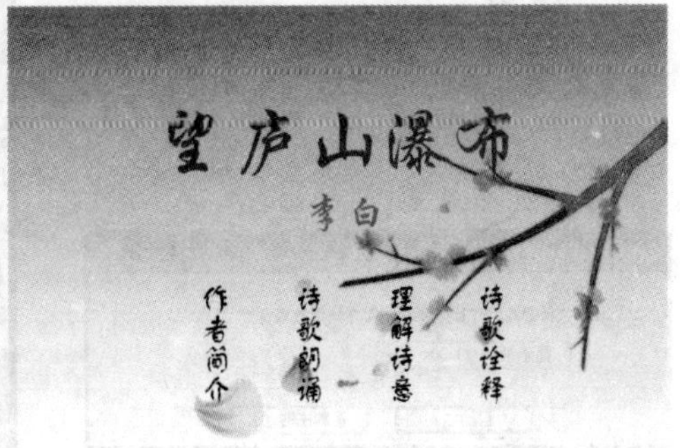

图 9.1.8　排列文本框

（16）选中第 2 张幻灯片，将其中的文本占位符选中后删除。在“插入”选项卡中的“插图”选项区中单击 图片 按钮，在弹出的“插入图片”对话框中选择合适的图片将其插入到幻灯片中。

（17）在幻灯片中插入一个横排文本框，在其中输入李白的简介，将其字体设置为“华文行楷”，首行字号为“44”，其余字号为“28”，如图 9.1.9 所示。

（18）按“Ctrl+M”键，插入一张新的幻灯片，并将其中所有的占位符选中后删除。

（19）在“插入”选项卡中的“插图”选项区中单击图片按钮，在弹出的“插入图片”对话框中选择一幅图片并将其插入到幻灯片中。

（20）在图片上插入 5 个竖排文本框，然后输入“望庐山瀑布”这首诗的全文。将输入文字的字体设置为“隶书”，字号为“44”，字体颜色为“白色”，如图 9.1.10 所示。

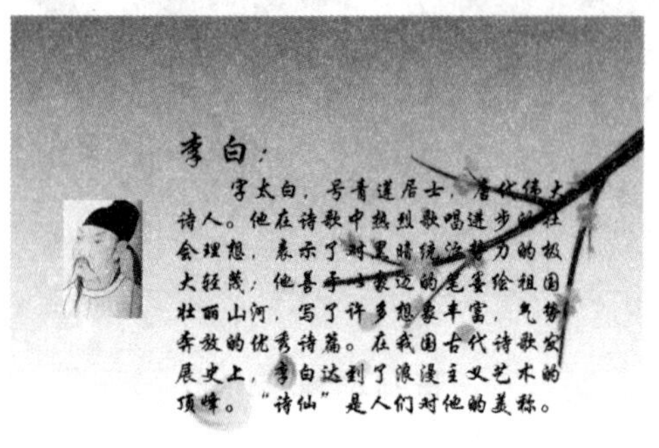

图 9.1.9　输入李白简介

图 9.1.10　输入诗

（21）在“插入”选项卡中的“媒体剪辑”选项区中单击声音按钮，在弹出的下拉列表中选择文件中的声音(F)...选项，在弹出的对话框中选择需要的声音文件，单击确定按钮，即可弹出如图 9.1.11 所示的提示框。

（22）在该提示框中单击在单击时(C)按钮，即可在幻灯片中插入一个声音图标。将其移至合适位置，如图 9.1.12 所示。

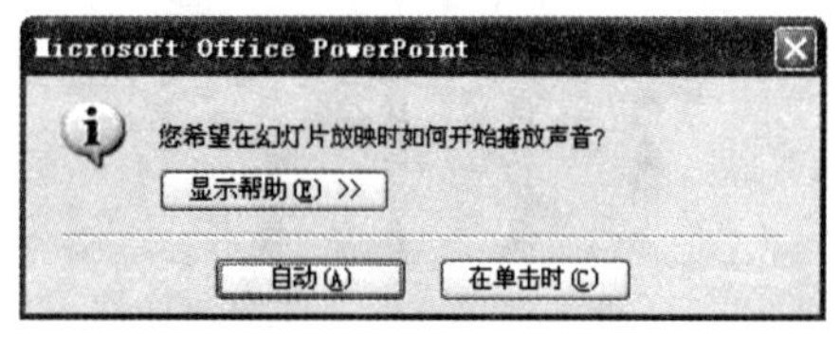

图 9.1.11　提示框

图 9.1.12　插入声音文件

（23）按“Ctrl+M”键，插入一张新的幻灯片，并将其中所有的占位符选中后删除。在幻灯片中插入一个横排文本框，在其中输入如图 9.1.13 所示的内容。

（24）重复步骤（23）的操作，创建第 5 张幻灯片，并在其中输入如图 9.1.14 所示的内容。

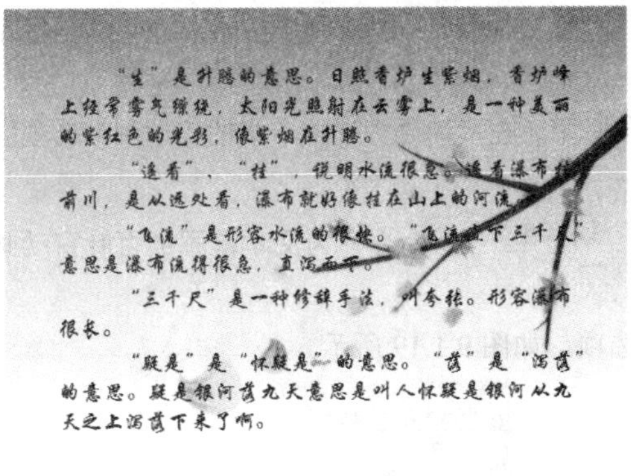

图 9.1.13　输入第 4 张幻灯片的内容

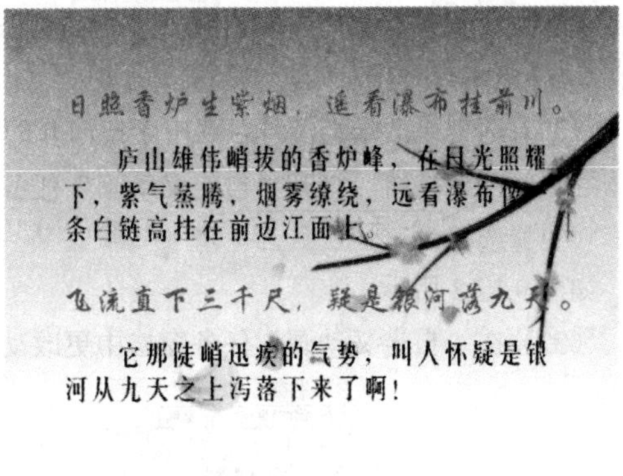

图 9.1.14　输入第 5 张幻灯片的内容

（25）在"插入"选项卡中的"插图"选项区中单击 形状 按钮，在其下拉列表中选择合适的选项。在幻灯片中单击并拖动鼠标，即可绘制一个图形。

（26）选中绘制的图形，在"格式"选项卡中的"形状样式"选项区中单击按钮，打开"形状样式"下拉列表，如图 9.1.15 所示。

（27）在该列表中选择合适的选项，即可更改该图形的样式，如图 9.1.16 所示。

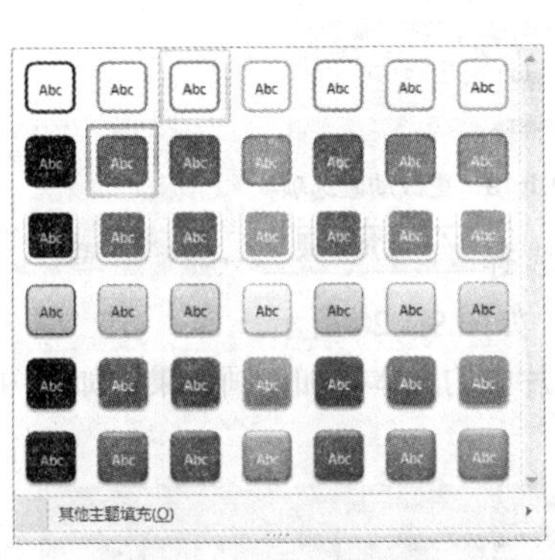

图 9.1.15　形状样式下拉列表

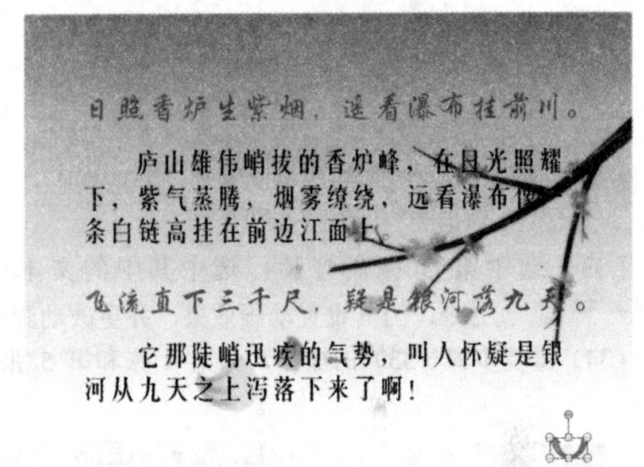

图 9.1.16　添加的图形

（28）在该图形上单击鼠标右键，在弹出的快捷菜单中选择 超链接(H)... 命令，弹出"插入超链接"对话框，并设置如图 9.1.17 所示的参数。

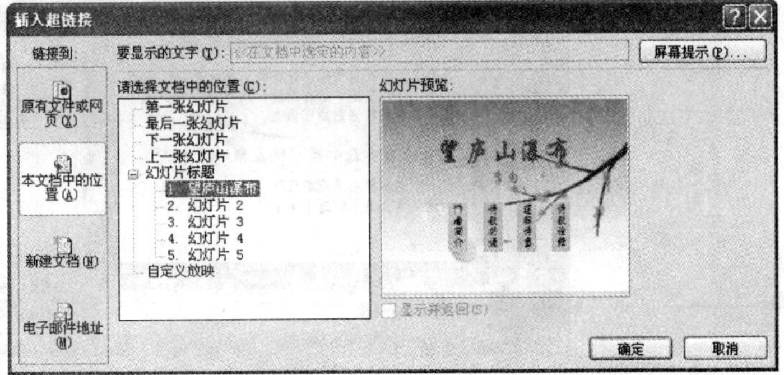

图 9.1.17　设置超链接

（29）设置好参数后，单击 确定 按钮即可。按“Ctrl+C”键复制该按钮，并将其分别粘贴到第 2～4 张幻灯片中。

（30）选中第 2 张幻灯片，选中李白简介的一段文字。在“动画”选项卡中的“动画”选项区中单击 自定义动画 按钮，打开“自定义动画”任务窗格。

（31）选择 添加效果 → 进入(E) → 1. 百叶窗 命令，为文本框添加百叶窗动画效果，如图 9.1.18 所示。

（32）在“自定义动画”任务窗格中更改动画选项，如图 9.1.19 所示。

图 9.1.18　设置动画选项

图 9.1.19　更改动画选项

（33）选中第 3 张幻灯片，选中其中的文本框，选择 添加效果 → 进入(E) → 4. 阶梯状 命令，为其设置动画效果，并更改动画选项，如图 9.1.20 所示。

（34）重复步骤（33）的操作，为第 4 张和第 5 张幻灯片中的文本添加动画效果，如图 9.1.21 所示。

图 9.1.20　设置动画效果

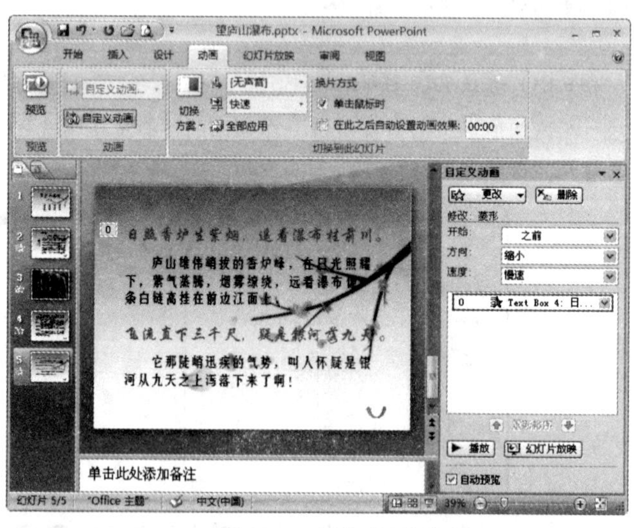

图 9.1.21　添加动画效果

（35）切换到第 1 张幻灯片。在“作者简介”文本框中单击鼠标右键，从弹出的快捷菜单中选择

超链接(H)... 命令，弹出“插入超链接”对话框。

（36）在 链接到: 选项区中选择“本文档中的位置”选项，在 请选择文档中的位置(C): 选项区中选择“幻灯片 2”，单击 确定 按钮即可设置完超链接，如图 9.1.22 所示。

（37）重复步骤（35），（36）的操作，为其他 3 个文本框添加超链接。

（38）单击“动画”选项卡中的“切换到此幻灯片”选项区中的按钮，在弹出的下拉列表中选择如图 9.1.23 所示的切换效果。

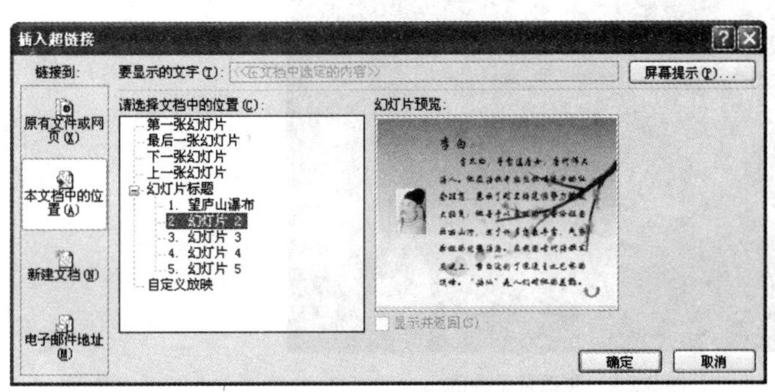

图 9.1.22　添加超链接

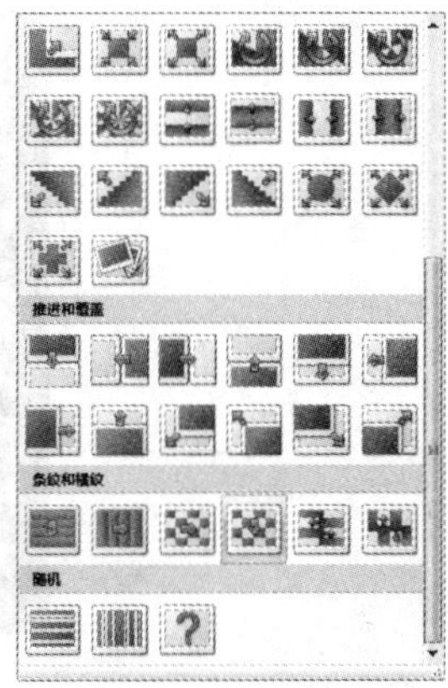

图 9.1.23　选择切换效果

（39）单击切换声音右侧的下拉按钮，在弹出的下拉列表中选择“风铃”选项，并在下方的“切换速度”下拉列表中选择“慢速”。

（40）单击 全部应用 按钮，将该切换效果应用于所有的幻灯片中。至此，该幻灯片已制作完成，效果如图 9.1.1 所示。

实例 2　诺基亚手机产品演示

创作目的

本例制作诺基亚手机产品演示，最终效果如图 9.2.1 所示。

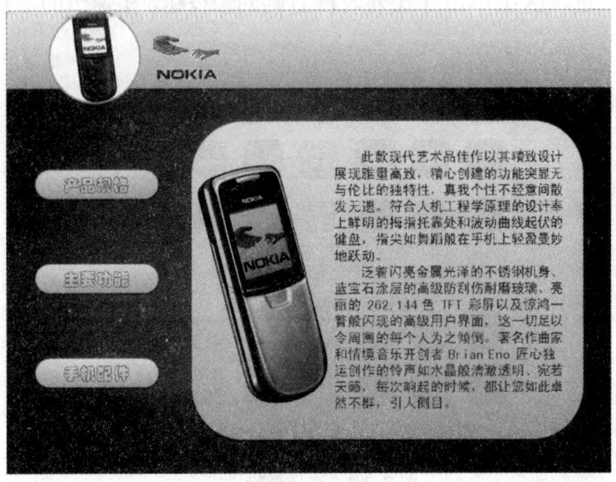

图 9.2.1　效果图

创作步骤

（1）打开 PowerPoint 2007，新建一个空白演示文稿。

（2）在“视图”选项卡中的“演示文稿视图”选项区中单击幻灯片母版按钮，切换到幻灯片母版视图中。

（3）在“幻灯片母版”选项卡中的“背景”选项区中单击背景样式按钮，在弹出的下拉列表中选择“样式 11”选项，如图 9.2.2 所示。

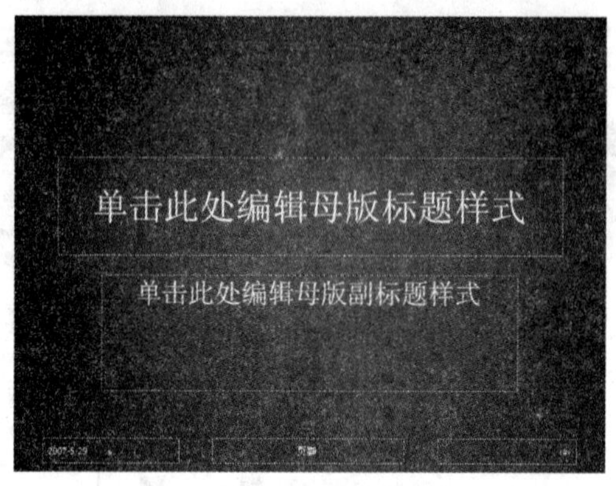

图 9.2.2　更改背景颜色

（4）在“插入”选项卡中的“插图”选项区中单击形状按钮，在弹出的下拉列表中选择矩形工具。在幻灯片中单击并拖动鼠标，绘制一个矩形。

（5）在绘制的矩形上双击鼠标左键，在“绘图工具”上下文工具中的“格式”选项卡中的“大小”选项区中设置矩形的大小，如图 9.2.3 所示。

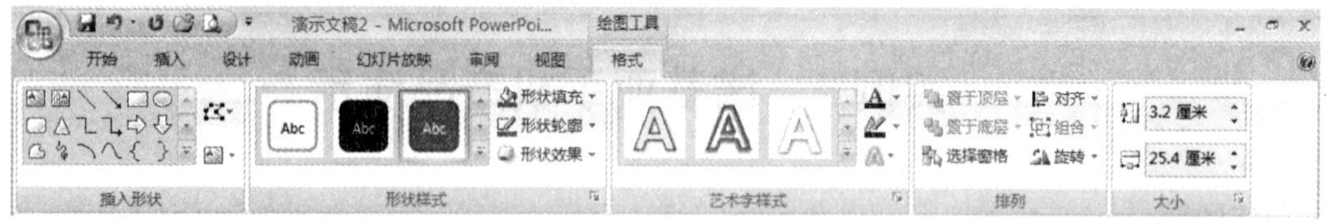

图 9.2.3　设置矩形大小

（6）在“形状样式”选项区中单击样式列表框右侧的按钮，在弹出的下拉列表中选择如图 9.2.4 所示的样式效果。

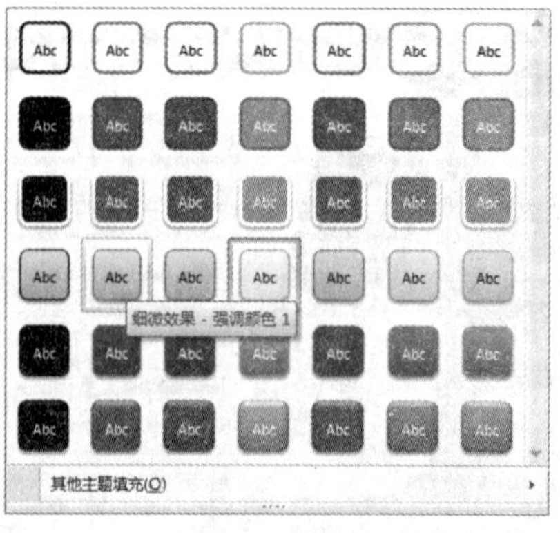

图 9.2.4　选择形状样式

（7）在“插入”选项卡中的“插图”选项区中单击形状按钮，在弹出的下拉列表中选择椭圆工具。在幻灯片中绘制一个圆，将其高度和宽度都设为“3.8 厘米”，边框颜色设置为“深蓝”。

（8）选中该圆，在“形状样式”选项区中单击形状填充按钮，从弹出的下拉列表中选择图片(P)...选项，在弹出的“插入图片”对话框中选择一幅图片将其插入到圆中，如图 9.2.5 所示。

（9）重复步骤（7），（8）的操作，在幻灯片中插入第二张图片，如图 9.2.6 所示。

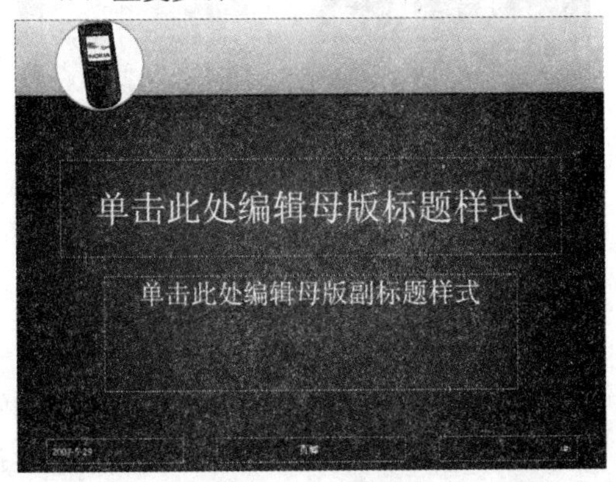

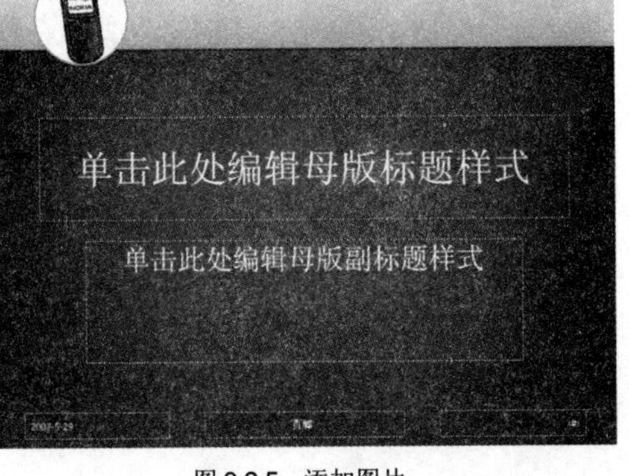

图 9.2.5　添加图片

图 9.2.6　插入图片

（10）选中刚插入的图片，在“图片工具”上下文工具中的“格式”选项卡中的“调整”选项区中单击重新着色按钮，从弹出的下拉列表中选择设置透明色(S)选项，当鼠标指针变为形状时，在标志图片的白色背景上单击一下，白色背景就变为透明的了，如图 9.2.7 所示。

（11）单击关闭母版视图按钮返回至普通视图，将幻灯片中的文本框选中后删除。

（12）在“插入”选项卡中的“插图”选项区中单击形状按钮，在弹出的下拉列表中选择圆角矩形工具，使用该工具在幻灯片中绘制一个圆角矩形，将其填充色设置为“浅蓝色”，并去除边框线，如图 9.2.8 所示。

图 9.2.7　去除图片背景

图 9.2.8　设置圆角矩形的参数

（13）在“插入”选项卡中的“插图”选项区中单击图片按钮，在弹出的“插入图片”对话框中选择一幅图片插入到幻灯片中，如图 9.2.9 所示。

（14）重复步骤（10）的操作，去除这张图片的背景。

（15）在幻灯片中插入一个横向文本框，并在其中输入文字，为其设置合适的字体和大小，效果如图 9.2.10 所示。

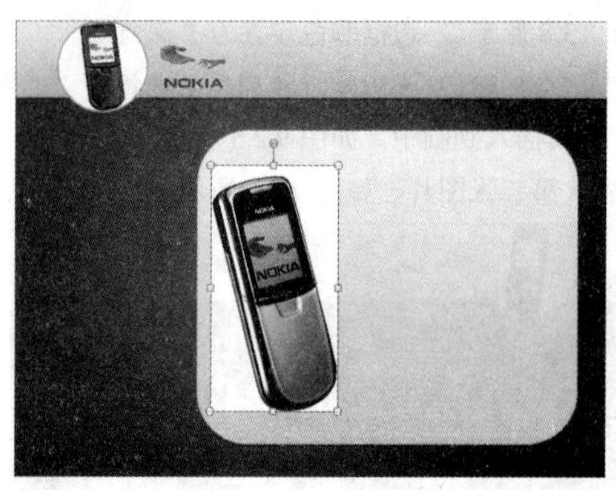

图 9.2.9　插入图片

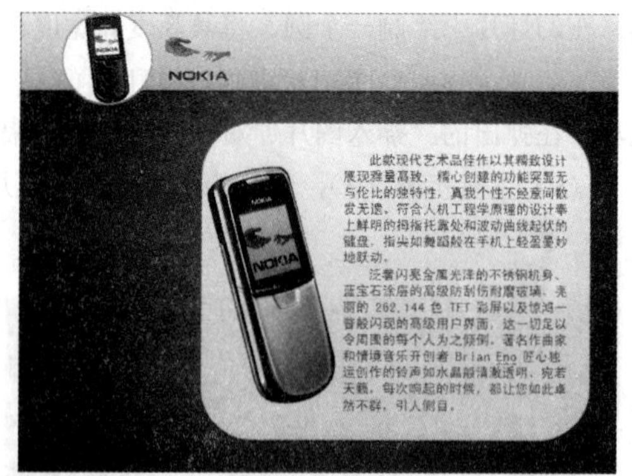

图 9.2.10　输入文本

（16）在“插入”选项卡中的“插图”选项区中单击形状按钮，在弹出的下拉列表中选择圆角矩形工具，使用该工具在幻灯片中绘制一个圆角矩形，将其填充色设置为“橄榄色”，将其圆角弧度拖动到最大，并去除边框线。

（17）选中创建的圆角矩形，在“形状样式”下拉列表中选择“细微效果－强调颜色 1”选项，并将其边框设置为无。

（18）在“形状样式”选项区中单击形状效果按钮，从弹出的下拉列表中选择“阴影－右下斜偏移”选项，效果如图 9.2.11 所示。

（19）选择横排文本框，在圆角矩形上输入文字“产品规格”，字体设置为“华文彩云”，字号为“18”。

（20）复制两个圆角矩形，将文本修改为“主要功能”和“手机配件”，将它们设置为左对齐和纵向分布，如图 9.2.12 所示。

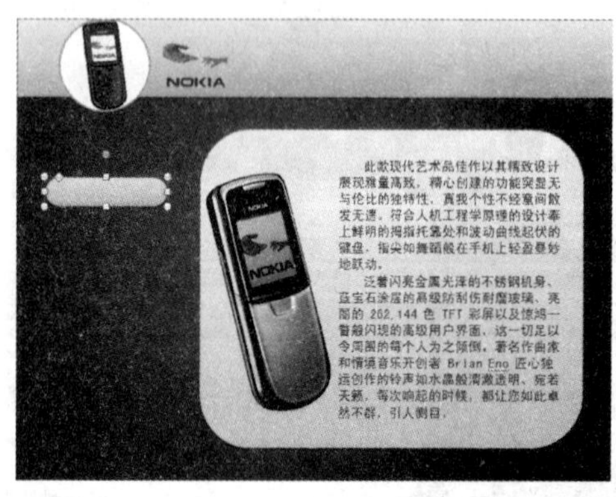

图 9.2.11　创建圆角矩形

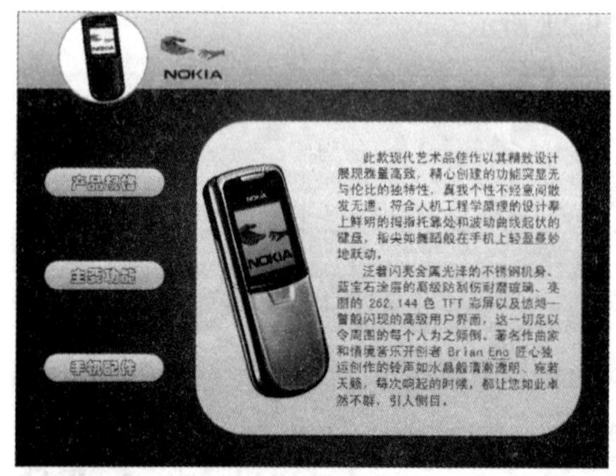

图 9.2.12　复制圆角矩形

（21）按下“Ctrl+M”键插入一张新幻灯片，将幻灯片中的占位符选中后删除。

（22）将第 1 张幻灯片中的图片复制到第 2 张幻灯片中，插入一个横排文本框，输入如图 9.2.13 所示的文本。

（23）按下“Ctrl+M”键插入一张新幻灯片，在其中插入一个横排文本框，输入如图 9.2.14 所示的文本。

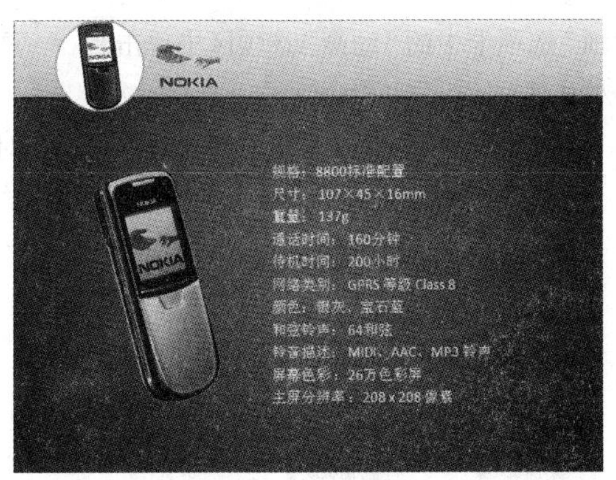

图 9.2.13　输入文本

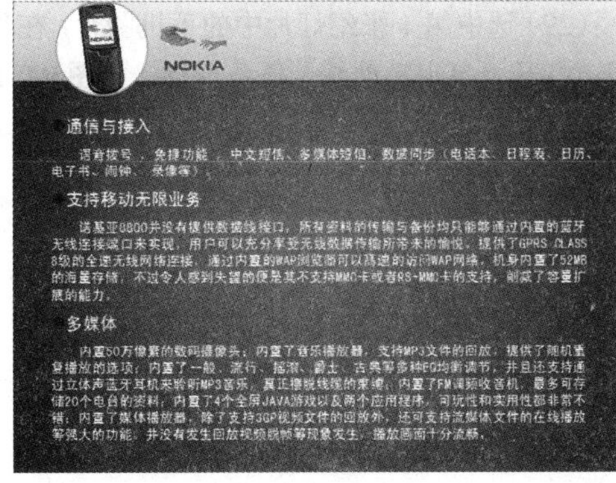

图 9.2.14　输入文本

（24）按下“Ctrl+M”键插入一张新幻灯片，将其中的占位符选中后删除。

（25）在“插入”选项卡中的“插图”选项区中单击 图片 按钮，在弹出的“插入图片”对话框中选择一幅图片插入到幻灯片中，并将其背景设置为透明色，如图 9.2.15 所示。

（26）绘制 6 个文本框，输入相关的文字，并为其设置合适的字体、大小及颜色，如图 9.2.16 所示。

图 9.2.15　插入图片

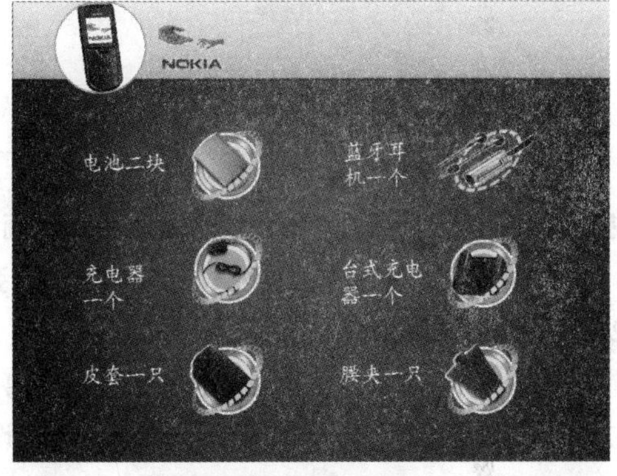

图 9.2.16　插入文本框

（27）选中“幻灯片 1”，在“产品规格”按钮上单击鼠标右键，在弹出的快捷菜单中选择 超链接(H)... 命令，弹出“插入超链接”对话框，在该对话框中设置如图 9.2.17 所示的参数。

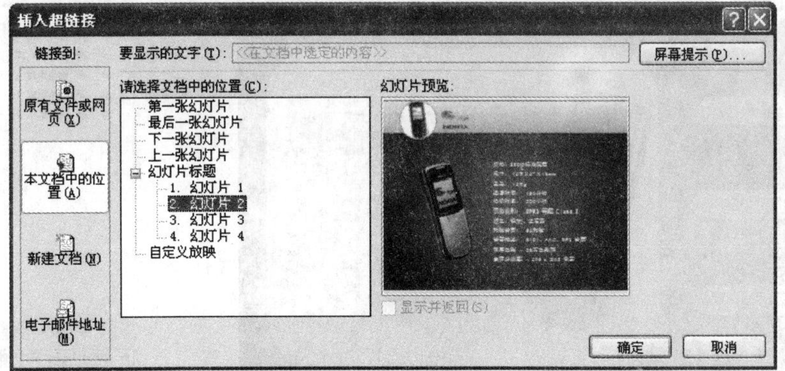

图 9.2.17　设置超链接

（28）重复步骤（27）的操作，为其他两个按钮设置超链接。

（29）选中第 1 张幻灯片中的手机图片，在“动画”选项卡中的“动画”选项区中单击自定义动画按钮，打开“自定义动画”任务窗格，如图 9.2.18 所示。

（30）选择添加效果→进入(E)→其他效果(M)...命令，弹出“添加进入效果”对话框，并设置如图 9.2.19 所示的参数。

图 9.2.18　“自定义动画”任务窗格

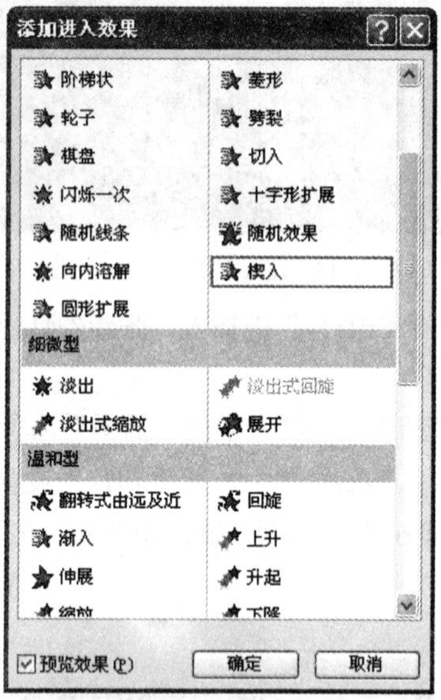

图 9.2.19　设置动画效果

（31）选中第 1 张幻灯片中的文本，选择添加效果→进入(E)→其他效果(M)...命令，在弹出的对话框中为其设置“淡出式缩放”动画效果。

（32）重复步骤（31）的操作，分别为第一张幻灯片中的 3 个按钮设置“挥舞”动画效果，如图 9.2.20 所示。

（33）打开“自定义动画”任务窗格，将第一个动画的开始方式设置为“之前”，其他动画的开始方式设置为“之后”，并将前 3 个动画的速度设置为“中速”，如图 9.2.21 所示。

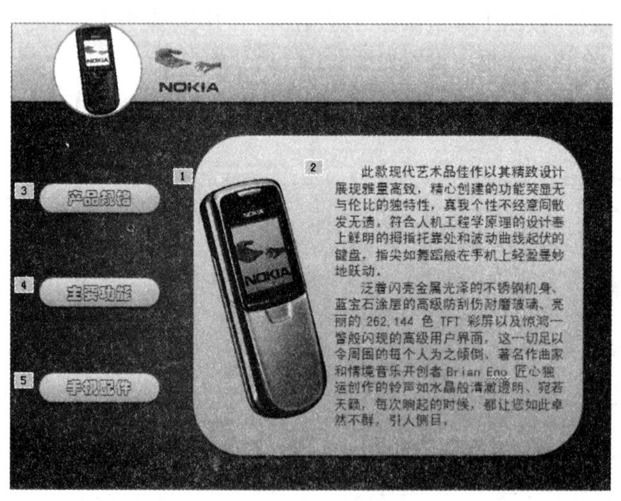

图 9.2.20　添加动画效果

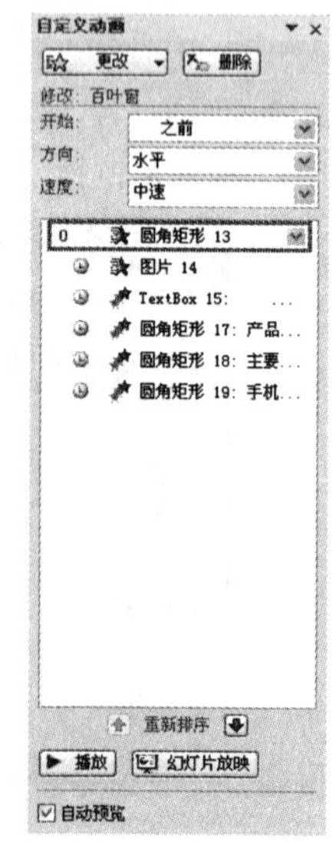

图 9.2.21　更改动画选项

（34）选中第 2 张幻灯片中的手机图片，选择 添加效果 → 进入(E) → 其他效果(M)... 命令，在弹出的对话框中为其设置“翻转式由远及近”动画效果。

（35）选中第 2 张幻灯片中的文本，选择 添加效果 → 进入(E) → 其他效果(M)... 命令，在弹出的对话框中为其设置“玩具风车”动画效果。

（36）打开“自定义动画”任务窗格，选中第一个动画，将其开始方式设置为“之前”，速度设置为“中速”；选中第二个动画，将其开始方式设置为“之后”，速度设置为“中速”，如图 9.2.22 所示。

（37）选中第 3 张幻灯片中的文本，选择 添加效果 → 进入(E) → 其他效果(M)... 命令，在弹出的对话框中为其设置“棋盘”动画效果。

（38）打开“自定义动画”任务窗格，将其开始方式设置为“之前”，速度设置为“中速”，如图 9.2.23 所示。

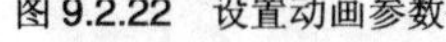
图 9.2.22　设置动画参数

图 9.2.23　设置动画效果

（39）选中第 4 张幻灯片中的所有文本，选择 添加效果 → 进入(E) → 其他效果(M)... 命令，在弹出的对话框中为其设置“切入”动画效果。

（40）选中第 4 张幻灯片中的所有图片，选择 添加效果 → 进入(E) → 其他效果(M)... 命令，在弹出的对话框中为其设置“劈裂”动画效果。

（41）打开“自定义动画”任务窗格，将第一个动画的开始方式设置为“之前”，其他动画的开始方式设置为“之后”，并将前 3 个动画的速度设置为“快速”。

（42）单击“动画”选项卡中的“切换到此幻灯片”选项区中的按钮，在弹出的下拉列表中选择如图 9.2.24 所示的切换效果。

（43）单击切换声音右侧的下拉按钮，弹出其下拉列表，如图 9.2.25 所示。

图 9.2.24　选择切换效果

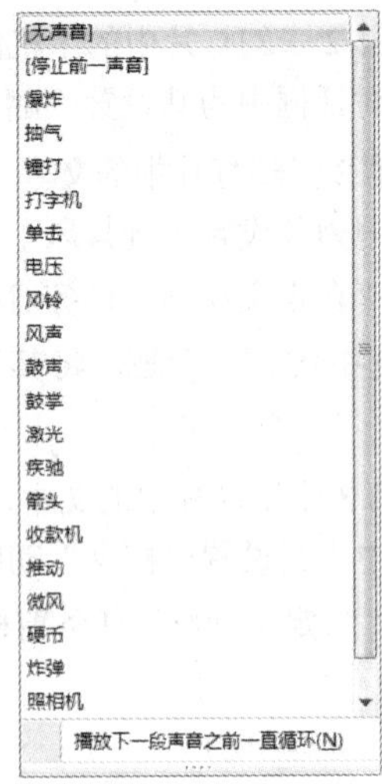

图 9.2.25　声音下拉列表

（44）在该下拉列表中选择“疾驰”选项。单击切换速度右侧的下拉按钮，在弹出的下拉列表中选择“中速”选项。

（45）单击 全部应用 按钮，将该切换效果应用于所有的幻灯片中。至此，该产品演示动画已制作完成，效果如图 9.2.1 所示。

实例 3　结婚纪念册

创作目的

本例制作结婚纪念册，最终效果如图 9.3.1 所示。

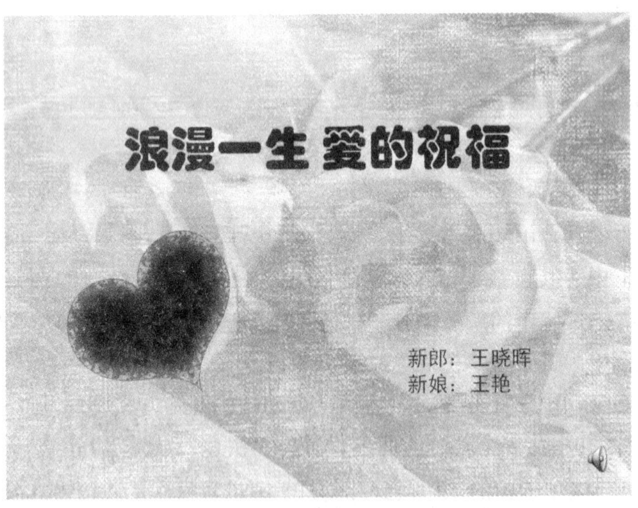

图 9.3.1　效果图

创作步骤

（1）打开 PowerPoint 2007，新建一个空白演示文稿，将其中的占位符选中后删除。

（2）在“插入”选项卡中的“插图”选项区中单击图片按钮，在弹出的“插入图片”对话框中选择 2 幅图片插入到幻灯片中。

（3）调整好图片的大小和位置，选中背景图片，在“图片工具”上下文工具中的“格式”选项卡中的“调整”选项区中单击亮度按钮，在弹出的下拉列表中选择“+40%”选项；单击对比度按钮，在弹出的下拉列表中选择“-40%”选项，效果如图 9.3.2 所示。

（4）选中心形图片，将鼠标指针移至它的控制柄上，单击并拖动鼠标将其旋转一定角度，如图 9.3.3 所示。

图 9.3.2　调整图片

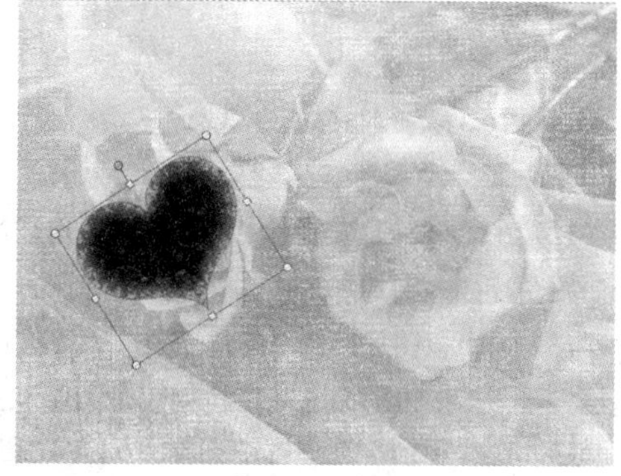

图 9.3.3　旋转图片

（5）在幻灯片中插入两个横排文本框，分别在其中输入如图 9.3.4 所示的文本。

（6）在“插入”选项卡中的“媒体剪辑”选项区中单击声音按钮，在弹出下拉列表中选择文件中的声音(F)...选项，弹出“插入声音”对话框。

（7）在该对话框中选择需要的声音文件，单击确定按钮，弹出如图 9.3.5 所示的提示框。

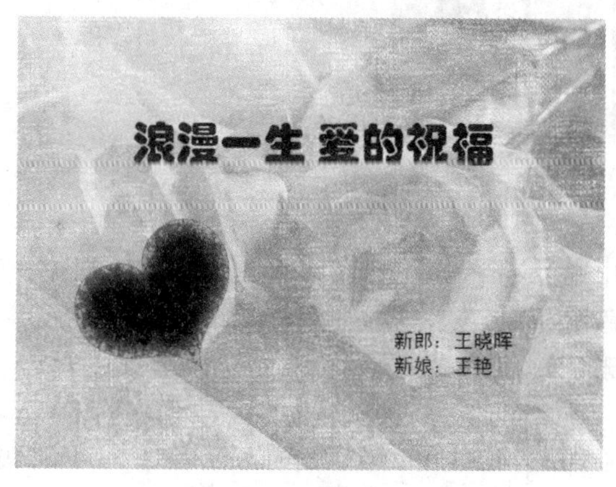

图 9.3.4　输入文本

图 9.3.5　提示框

（8）单击自动(A)按钮，在幻灯片中插入一个声音图标，将其移至幻灯片的右下角。

（9）按“Ctrl+M”键插入一张幻灯片，删除幻灯片中的所有占位符。

（10）将“幻灯片 1”中的背景图片复制到“幻灯片 2”中，单击重新着色按钮，弹出其下拉列表，如图 9.3.6 所示。

（11）在“颜色模式”区域中选择“冲蚀”选项，此时的图片效果如图 9.3.7 所示。

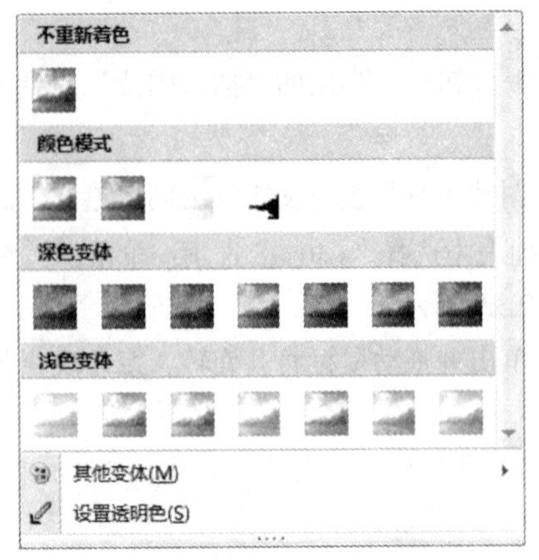

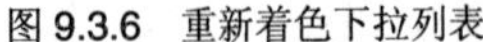
图 9.3.6　重新着色下拉列表

图 9.3.7　更改图片颜色模式

（12）在“插入”选项卡中的“插图”选项区中单击图片按钮，在弹出的“插入图片”对话框中选择一幅图片插入到幻灯片中。

（13）选中该图片，在“图片工具”上下文工具中的“格式”选项卡中的“图片样式”选项区中单击图片边框按钮，弹出其下拉列表，如图 9.3.8 所示。

（14）在“粗细”选项区中选择“6 磅”，在颜色列表区中选择“橙色”，效果如图 9.3.9 所示。

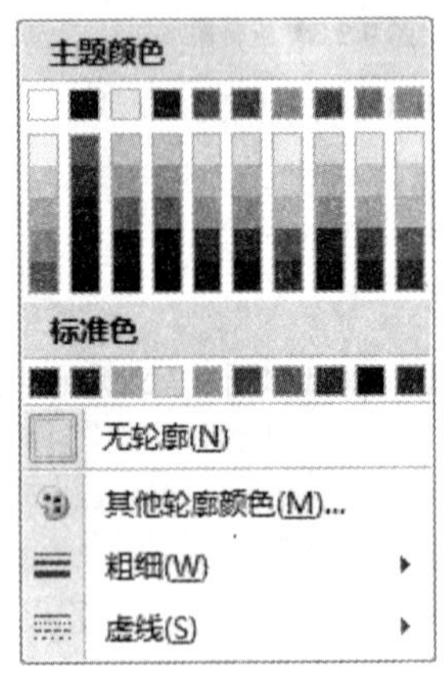

图 9.3.8　图片边框下拉列表

图 9.3.9　给图片添加边框

（15）在幻灯片中插入一个横排文本框，在其中输入文字“金童玉女　多么令人羡慕的一对……”，将字体设置为“华文琥珀”，大小设为“32”，颜色设为“橙色”，加文字阴影，如图 9.3.10 所示。

（16）按“Ctrl+M”键插入一张新幻灯片，删除幻灯片中的所有占位符。

（17）在“插入”选项卡中的“插图”选项区中单击图片按钮，在弹出的“插入图片”对话框中选择一幅图片插入到幻灯片中。

（18）在“图片工具”上下文工具中的“格式”选项卡中的“调整”选项区中单击亮度按钮，在弹出的下拉列表中选择“+40%”选项；单击对比度按钮，在弹出的下拉列表中选择“-40%”选项，如图 9.3.11 所示。

（19）在“插入”选项卡中的“插图”选项区中单击形状按钮，从弹出的下拉列表中选择“等腰

三角形”选项，在幻灯片中绘制一个等腰三角形，并旋转一定的角度，如图 9.3.12 所示。

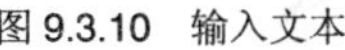

图 9.3.10 输入文本

图 9.3.11 调整图片

（20）选中绘制的图形，在“绘图工具”上下文工具中的“格式”选项卡中的“形状样式”选项区中单击“形状轮廓”按钮，在弹出的下拉列表中选择“无轮廓”选项；单击“形状填充”按钮，在弹出的下拉列表中选择“其他填充颜色(M)...”选项，在弹出的“颜色”对话框中选择“白色”，并将其透明度设置为“50%”，效果如图 9.3.13 所示。

图 9.3.12 绘制等腰三角形

图 9.3.13 设置图形的透明度

（21）在“插入”选项卡中的“插图”选项区中单击“图片”按钮，在弹出的“插入图片”对话框中选择一幅图片插入到幻灯片中。

（22）选中该图片，在“图片工具”上下文工具中的“格式”选项卡中的“图片样式”选项区中单击按钮，弹出其下拉列表，在该列表中选择“圆形对角”选项，效果如图 9.3.14 所示。

（23）在幻灯片中插入两个横排文本框，在其中输入如图 9.3.15 所示的文字，将字体设置为“华文琥珀”，大小设为“36”“24”，颜色设为“橄榄色”“橙色”，加文字阴影。

图 9.3.14 设置图片样式

图 9.3.15 输入文本

（24）在“插入”选项卡中的“插图”选项区中单击按钮，在弹出的“插入图片”对话框中选择一幅图片插入到幻灯片中。

（25）重复步骤（9）～（11）的操作，将图片的效果设置为“冲蚀”，效果如图 9.3.16 所示。

（26）将“幻灯片 3”中的“等腰三角形”和文本复制并粘贴到该幻灯片中，更改其中的文字。

（27）在该幻灯片中插入一幅图片，并按照步骤（22）的操作将图片样式设置为“剪裁对角线”，效果如图 9.3.17 所示。

图 9.3.16　更改图片效果

图 9.3.17　添加图片及文字

（28）按“Ctrl+M”键插入一张幻灯片，删除幻灯片中的所有占位符。

（29）将“幻灯片 3”中的“等腰三角形”和文本复制并粘贴到该幻灯片中，更改其中的文字。

（30）在该幻灯片中插入一幅图片，并按照步骤（22）的操作将图片样式设置为“圆形对角”，效果如图 9.3.18 所示。

（31）按“Ctrl+M”键插入一张新的幻灯片，删除幻灯片中的所有占位符。

（32）在“插入”选项卡中的“插图”选项区中单击按钮，在弹出的“插入图片”对话框中选择一幅图片插入到幻灯片中。

（33）在“图片工具”上下文工具中的“格式”选项卡中的“调整”选项区中单击按钮，在弹出的下拉列表中选择“+40%”选项；单击按钮，在弹出的下拉列表中选择“-40%”选项，效果如图 9.3.19 所示。

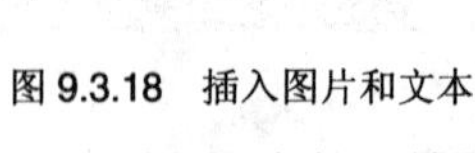

图 9.3.18　插入图片和文本

图 9.3.19　调整后的图片效果

（34）将“幻灯片 3”中的“等腰三角形”和文本复制并粘贴到该幻灯片中，更改其中的文字。

（35）在该幻灯片中插入一幅图片，并按照步骤（22）的操作将图片样式设置为“剪裁对角线”，其效果如图 9.3.20 所示。

（36）选中第 1 张幻灯片，在“动画”选项卡中的“动画”选项区中单击 自定义动画 按钮，打开“自定义动画”任务窗格，如图 9.3.21 所示。

图 9.3.20　制作第 6 张幻灯片

图 9.3.21　“自定义动画”任务窗格

（37）选中“浪漫一生 爱的祝福”文字，选择 添加效果 → 进入(E) → 其他效果(M)... 命令，在弹出的对话框中为其设置“菱形”动画效果。

（38）选中心形图片，选择 添加效果 → 进入(E) → 其他效果(M)... 命令，在弹出的对话框中为其设置“玩具风车”动画效果。

（39）选中“新郎：王晓晖 新娘：王艳”文本框，选择 添加效果 → 进入(E) → 其他效果(M)... 命令，在弹出的对话框中为其设置“缓慢进入”动画效果。

（40）选中声音图标，选择 添加效果 → 声音操作(A) → 播放(P) 命令，使声音开始播放，如图 9.3.22 所示。

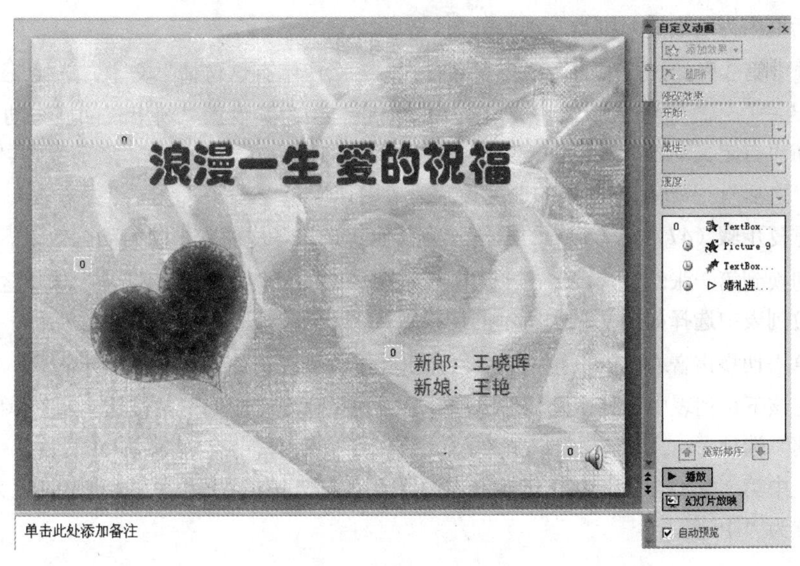

图 9.3.22　添加动画效果

（41）在“自定义动画”面板中，将第一个动画的开始方式设置为“之前”，其他动画的开始方

式设置为“之后”。

（42）在“自定义动画”面板中单击第 4 个动画右侧的下拉按钮，在弹出的下拉菜单中选择效果选项(E)...，弹出“播放声音”对话框，如图 9.3.23 所示。

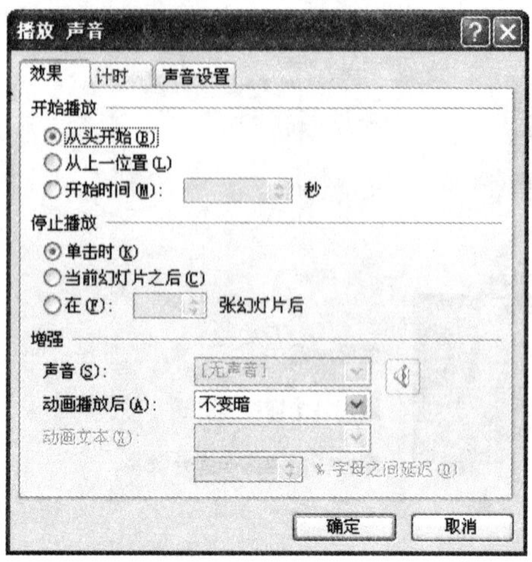

图 9.3.23 “播放声音”对话框

（43）在停止播放选项区中选中在(F): 6 张幻灯片后单选按钮，并将张数设置为 6。

（44）选中第 2 张幻灯片中的图片，选择添加效果→进入(E)→其他效果(M)...命令，在弹出的对话框中为其设置“弹跳”动画效果。

（45）选中第 2 张幻灯片中的文本，选择添加效果→进入(E)→其他效果(M)...命令，在弹出的对话框中为其设置“切入”动画效果。

（46）将第一个动画的开始方式设置为“之前”，第二个动画的开始方式设置为“之后”。

（47）选中第 3 张幻灯片中的“今生只为你歌唱”文本，选择添加效果→进入(E)→其他效果(M)...命令，在弹出的对话框中为其设置“向内溶解”动画效果。

（48）选中第 3 张幻灯片中的图片，选择添加效果→进入(E)→其他效果(M)...命令，在弹出的对话框中为其设置“棋盘”动画效果。

（49）选中第 3 张幻灯片中的“多么庆幸有你，多么庆幸有这份情”文本，选择添加效果→进入(E)→其他效果(M)...命令，在弹出的对话框中为其设置“淡出式回旋”动画效果。

（50）在“自定义动画”任务窗格中将第一个动画的开始方式设置为“之前”，其他动画的开始方式设置为“之后”，并将所有动画的速度设置为“中速”。

（51）重复步骤（47）～（50）的操作，为其他 3 张幻灯片设置相同的动画效果。

（52）切换到第一张幻灯片，单击“动画”选项卡中的“切换到此幻灯片”选项区中的按钮，在弹出的下拉列表中选择如图 9.3.24 所示的切换效果。

（53）单击切换声音右侧的下拉按钮，弹出其下拉列表，如图 9.3.25 所示。

（54）在该下拉列表中选择“风铃”选项。单击切换速度右侧的下拉按钮，在弹出的下拉列表中选择“中速”选项。

（55）选中第 2 张幻灯片，将其切换方式设置为“条纹右下展开”，切换声音设置为“照相机”，切换速度设置为“中速”。

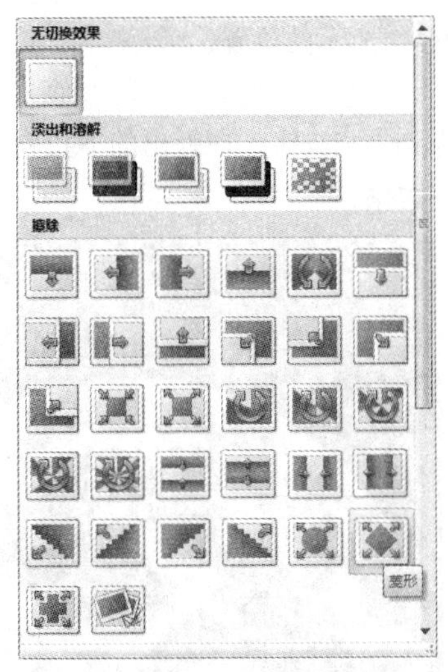

图 9.3.24　选择切换效果

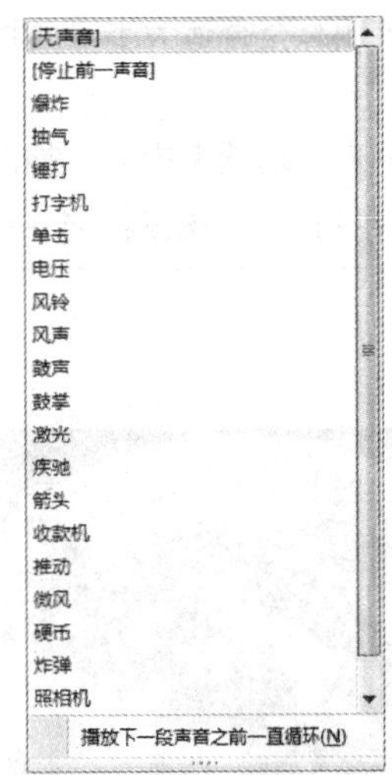

图 9.3.25　声音下拉列表

（56）重复步骤（55）的操作，将设置的切换效果应用于第 3～6 张幻灯片中。

实例 4　环境保护公益广告

创作目的

本例制作环境保护公益广告，效果如图 9.4.1 所示。

图 9.4.1　效果图

创作步骤

（1）打开 PowerPoint 2007，新建一个空白演示文稿，将其中的占位符选中后删除。

（2）在“插入”选项卡中的“插图”选项区中单击 图片 按钮，在弹出的“插入图片”对话框中选择一幅图片插入到幻灯片中。

（3）调整该图片至合适大小，并将其置于如图 9.4.2 所示的位置。

（4）在“插入”选项卡中的“插图”选项区中单击按钮，在弹出的下拉列表中选择矩形工具。使用该工具在幻灯片中绘制一个矩形，如图 9.4.3 所示。

图 9.4.2　插入图片

图 9.4.3　绘制矩形

（5）选中绘制的矩形，在“绘图工具”上下文工具中的“格式”选项卡中的“形状样式”选项区中单击按钮，在弹出的下拉列表中选择“深蓝”；单击按钮，在弹出的下拉列表中选择“无轮廓”选项。

（6）在“格式”选项卡中的“文本”选项区中单击按钮，从弹出的下拉列表中选择“横排文本框”。在幻灯片中的矩形上单击并输入文本“只有一个地球”。

（7）将文本的字体设置为“华文行楷”，颜色设为“黄色”，大小设为“66”，效果如图 9.4.4 所示。

（8）按下“Ctrl+M”键，插入一张新幻灯片。

（9）在“插入”选项卡中的“插图”选项区中单击按钮，在弹出的“插入图片”对话框中选择一幅图片插入到幻灯片中，如图 9.4.5 所示。

图 9.4.4　输入文本

图 9.4.5　插入图片

（10）选中该图片，在“格式”选项卡中的“调整”选项区中单击按钮，从弹出的下拉列表中的“浅色变体”区域中选择“强调文字颜色 3 浅色”选项。

（11）在“插入”选项卡中的“插图”选项区中单击按钮，在弹出的“插入图片”对话框中选择 8 幅图片插入到幻灯片中，并使其对齐，效果如图 9.4.6 所示。

（12）按下“Ctrl+M”键，插入一张新幻灯片。将第 2 张幻灯片中的背景图片复制并粘贴到该幻灯片中。

（13）在幻灯片中插入一个横排文本框，在其中输入如图 9.4.7 所示的文本。

图 9.4.6　插入并排列图片

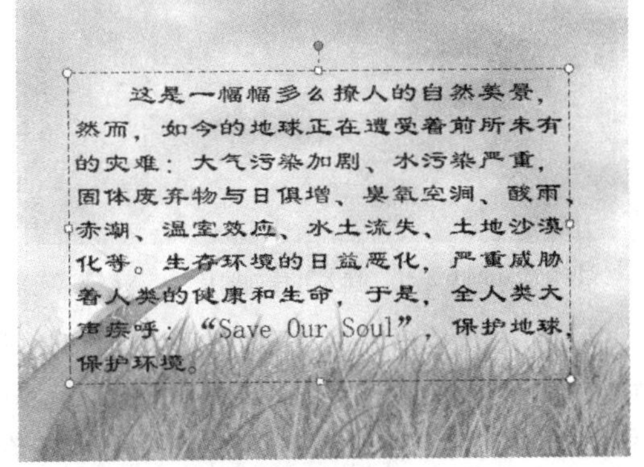

图 9.4.7　输入文本

（14）按下“Ctrl+M”键，插入一张新的幻灯片，将其中的占位符选中后删除。将第 2 张幻灯片中的背景图片复制并粘贴到该幻灯片中。

（15）在“插入”选项卡中的“插图”选项区中单击按钮，在弹出的“插入图片”对话框中选择 3 幅图片插入到幻灯片中，并使它们按照如图 9.4.8 所示的位置排列。

（16）在该幻灯片中插入一个文本框，在其中输入文字，并为其设置合适的字体、颜色及大小，如图 9.4.9 所示。

图 9.4.8　插入并排列图片

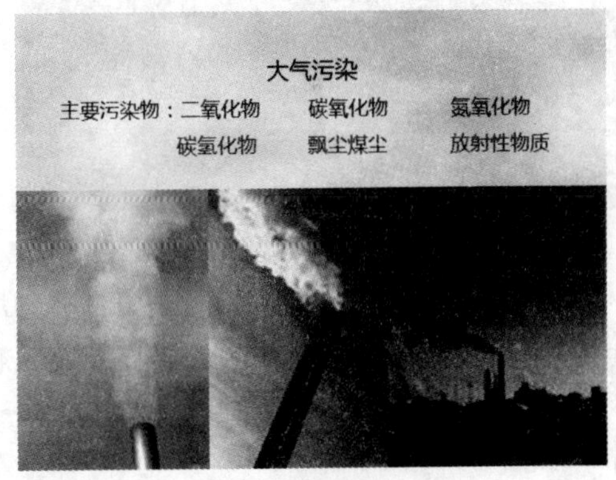

图 9.4.9　输入文本

（17）按下“Ctrl+M”键，插入一张新幻灯片，将其中的占位符选中后删除。将第 2 张幻灯片中的背景图片复制并粘贴到该幻灯片中。

（18）在“插入”选项卡中的“插图”选项区中单击按钮，在弹出的“插入图片”对话框中选择 6 幅图片插入到幻灯片中，并使它们按照如图 9.4.10 所示的位置排列。

（19）在该幻灯片中插入一个文本框，在其中输入文字，并为其设置合适的字体、颜色及大小，如图 9.4.11 所示。

图 9.4.10　插入并排列图片

图 9.4.11　输入文本

（20）按下“Ctrl+M”键，插入一张新的幻灯片，将其中的占位符选中后删除。将第 2 张幻灯片中的背景图片复制并粘贴到该幻灯片中。

（21）重复步骤（18）～（19）的操作，在该张幻灯片中插入图片并输入文本，如图 9.4.12 所示。

（22）按下“Ctrl+M”键，插入一张新的幻灯片，将其中的占位符选中后删除。将第 2 张幻灯片中的背景图片复制并粘贴到该幻灯片中。

（23）在该幻灯片中插入一个横排文本框，在其中输入如图 9.4.13 所示的文本。

图 9.4.12　插入图片和文本

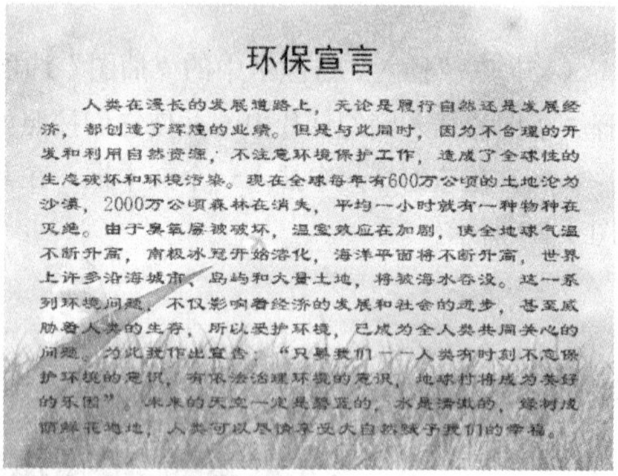

图 9.4.13　输入文本

（24）切换到第 1 张幻灯片。选中第 1 张幻灯片中的文本，在“动画”选项卡中的“动画”选项区中单击 自定义动画 按钮，打开“自定义动画”任务窗格，如图 9.4.14 所示。

（25）选择 添加效果 → 进入(E) → 其他效果(M)... 命令，弹出“添加进入效果”对话框，如图 9.4.15 所示。

（26）在该对话框中选择“淡出式回旋”选项，为其添加动画效果。

（27）选中该幻灯片中的图片，选择 添加效果 → 进入(E) → 其他效果(M)... 命令，在弹出的“添加进入效果”对话框中为其添加“投掷”动画效果。

（28）在“自定义动画”任务窗格中选择第一个动画选项，单击按钮，将其下移，设为第 2 个动画效果。

图 9.4.14　“自定义动画”任务窗格

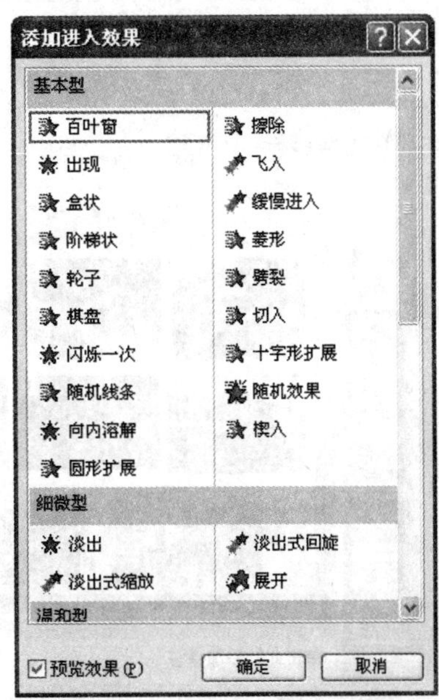

图 9.4.15　“添加进入效果”对话框

（29）选中第一个动画，将其开始方式设置为“之前”，速度设为“中速”；选中第二个动画，将其开始方式设置为“之后”，速度设为“中速”，如图 9.4.16 所示。

（30）切换到第 2 张幻灯片。选择 添加效果 → 动作路径(P) → 绘制自定义路径(D) → 自由曲线(S) 命令，使用曲线在幻灯片中绘制动作路径，如图 9.4.17 所示。

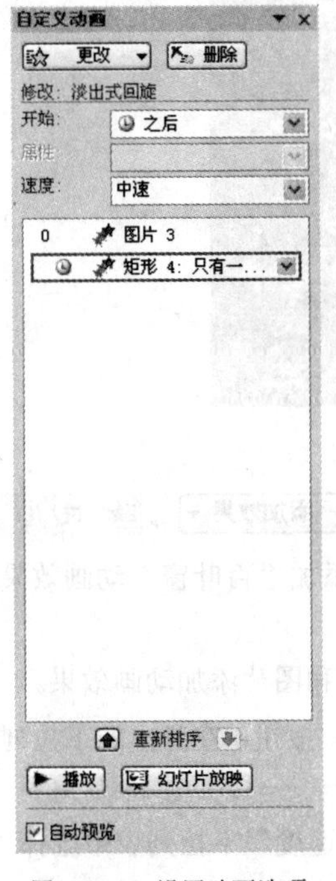

图 9.4.16　设置动画选项

图 9.4.17　绘制动作路径

（31）重复步骤（30）的操作，使用曲线为幻灯片中的其他图片绘制动作路径，效果如图 9.4.18 所示。

图 9.4.18　绘制动作路径

（32）将该张幻灯片中的图片先移至幻灯片外部，再根据需要调整路径，以创建幻灯片从外部飞入的动画效果，如图 9.4.19 所示。

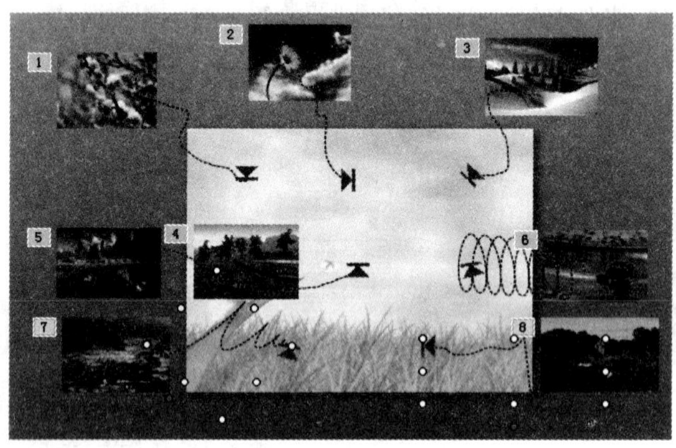

图 9.4.19　调整动作路径

（33）切换到第 3 张幻灯片。选中幻灯片中的文本，选择 添加效果 → 进入(E) → 其他效果(M)... 命令，在弹出的“添加进入效果”对话框中为其添加“百叶窗”动画效果，并将其开始方式设置为“之前”，速度设为“中速”。

（34）重复步骤（33）的操作，分别为其他几张幻灯片中的文本和图片添加动画效果。

（35）在“动画”选项卡中的“切换到此幻灯片”选项区中单击按钮，在弹出的下拉列表中选择“圆形”选项。

（36）在“切换声音”下拉列表中选择“风铃”选项，在“切换速度”下拉列表中选择“中速”选项，单击 全部应用 按钮，将设置的切换效果应用于所有幻灯片中。

实例 5　制作“陕西旅游景点”幻灯片

创作目的

本例制作陕西旅游景点介绍幻灯片，最终效果如图 9.5.1 所示。

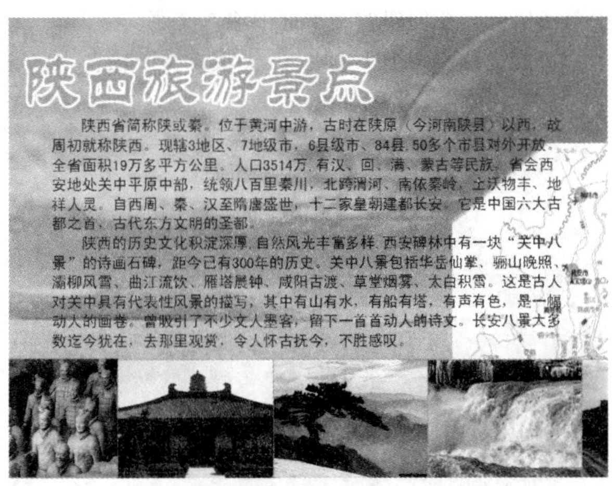

图 9.5.1　效果图

创作步骤

（1）打开 PowerPoint 2007，新建一个空白演示文稿。

（2）按“Ctrl+M”键，插入一张新幻灯片。

（3）在“视图”选项卡中的“演示文稿视图”选项区中单击 幻灯片母版 按钮，切换到幻灯片母版视图中。

（4）选中“标题幻灯片”，在“背景”选项区中单击 背景样式 按钮，从弹出的下拉列表中选择 设置背景格式(B)... 选项，弹出“设置背景格式”对话框。

（5）选中 ◉ 图片或纹理填充(P) 单选按钮，单击 文件(F)... 按钮，在弹出的“插入图片”对话框中选择一幅图片插入到幻灯片中，如图 9.5.2 所示。

（6）选中“标题和内容”幻灯片，重复步骤（4），（5）的操作，为该幻灯片添加背景，如图 9.5.3 所示。

图 9.5.2　插入背景图片

图 9.5.3　添加背景图片

（7）单击关闭母版视图按钮，返回至普通视图。

（8）选中第 1 张幻灯片，将其中的占位符选中后删除。

（9）在“插入”选项卡中的“文本”选项区单击文本框按钮，在弹出的下拉列表中选择“横排文本框”选项。在幻灯片中单击鼠标，在创建的文本框中输入文字。

（10）将文本框选中，将其字体设置为“隶书”，大小设为“18”，颜色设为“紫色”，效果如图 9.5.4 所示。

图 9.5.4　添加并设置文本

（11）在“插入”选项卡中的“插图”选项区中单击图片按钮，在弹出的“插入图片”对话框中选中 6 幅图片插入到幻灯片中。

（12）将图片调至合适大小，并依次排列在幻灯片的左下角处，如图 9.5.5 所示。

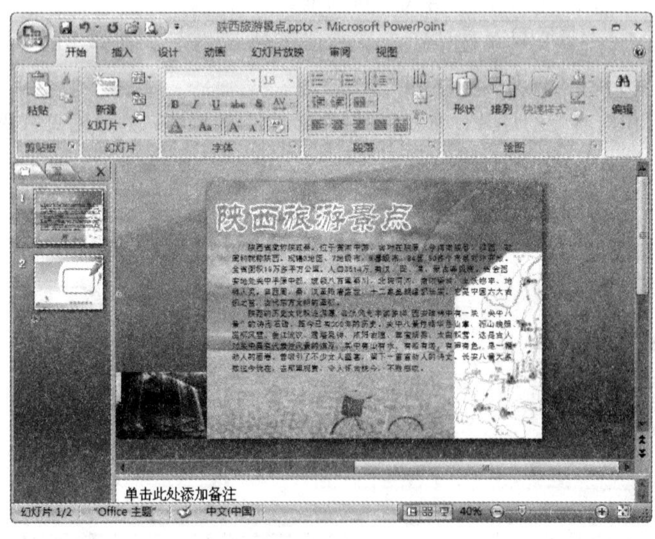

图 9.5.5　调整并排列图片

（13）将所有图片选中，在“图片工具”上下文工具中的“格式”选项卡中的“图片样式”选项

区中单击 图片边框 按钮，在弹出的下拉列表中选择“1 磅”的线条，并将其边框颜色设为“浅绿色”。

（14）按“Ctrl+M”键 5 次，插入 5 张幻灯片。在“幻灯片 1”中选中第 1 张幻灯片，单击鼠标右键，从弹出的快捷菜单中选择 超链接(H)... 选项，弹出“插入超链接”对话框，如图 9.5.6 所示。

（15）在该对话框中设置链接选项，单击 屏幕提示(P)... 按钮，弹出“设置超链接屏幕提示”对话框，在“屏幕提示文字”文本框中输入“兵马俑”，如图 9.5.7 所示。

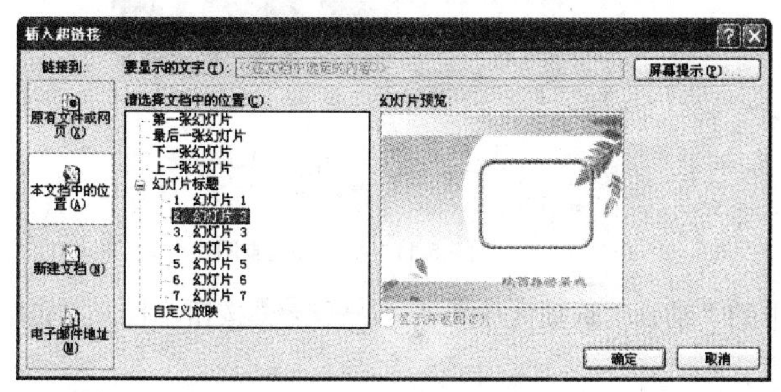
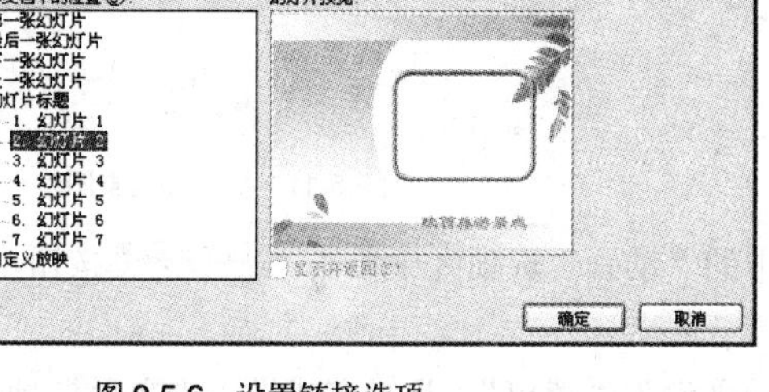

图 9.5.6　设置链接选项

图 9.5.7　设置屏幕提示

（16）重复步骤（14），（15）的操作，为其他 5 幅图片插入超链接。选中所有图片，按“Ctrl+G”键将所有图片组合在一起。

（17）选中第 2 张幻灯片，将其中的占位符选中后删除。在“插入”选项卡中的“文字”选项区中单击 艺术字 按钮，在弹出的下拉列表中选择合适的艺术字样式，如图 9.5.8 所示。

（18）选好艺术字样式后，即可在幻灯片中插入一个文本框，用户可在该文本框中输入文字。并在“开始”选项卡中的“字体”选项区中将字体设为“隶书”，大小设为“80”，如图 9.5.9 所示。

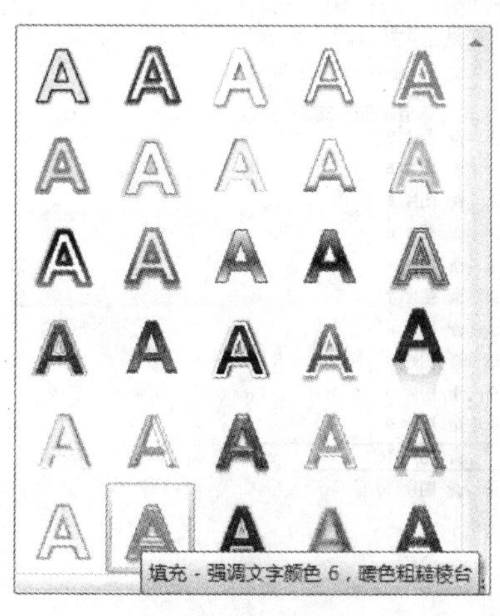
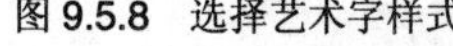

图 9.5.8　选择艺术字样式

图 9.5.9　插入艺术字

（19）在幻灯片中插入一个横排文本框，在其中输入兵马俑的相关介绍文字，如图 9.5.10 所示。

（20）在“插入”选项卡中的“插图”选项区中单击 图片 按钮，在弹出的“插入图片”对话框中选中一幅图片插入到幻灯片中。

（21）选中该图片，在“图片样式”下拉列表中选择“棱台矩形”选项，将图片的外观设置为“圆角矩形”，并调整其至合适大小，如图 9.5.11 所示。

图 9.5.10　输入文本

图 9.5.11　插入并调整图片

（22）选中该图片，在“动画”选项卡中的“动画”选项区中单击 自定义动画 按钮，打开“自定义动画”任务窗格。

（23）在该任务窗格中，将其“进入”动画设为“淡出”，开始方式设为“之后”，速度设为“慢速”；再将其“退出”动画设为“淡出”，开始方式设为“之后”，速度设为“慢速”，如图 9.5.12 所示。

（24）重复步骤（20）～（23）的操作，分别插入其他 4 幅图片，使它们依次覆盖原图片，并为其设置相同的动画效果。

（25）插入最后一幅图片，将其“进入”动画设为“淡出”，开始方式设为“之前”，速度设为“慢速”，如图 9.5.13 所示。

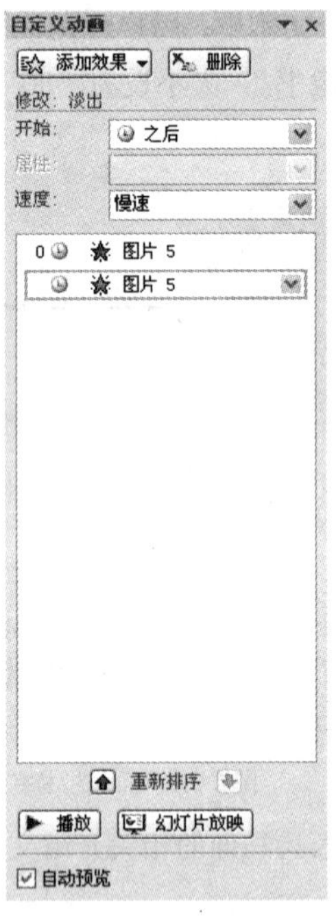

图 9.5.12　设置动画效果

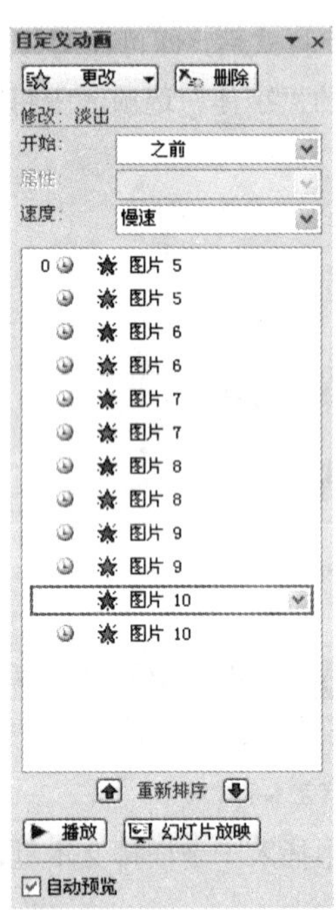

图 9.5.13　设置动画效果

（26）选中第 3 张幻灯片，将其中的占位符选中后删除。将第 2 张幻灯片中的艺术字复制并粘贴到该幻灯片中，将文字改为“法门寺”。

（27）在该幻灯片中插入一个横排文本框，在其中输入法门寺的相关介绍文字，如图 9.5.14 所示。

（28）重复步骤（20）～（23）的操作，分别插入 4 幅图片，使它们依次覆盖原图片，并为其设置相同的动画效果。

（29）选中第 2 张幻灯片。在“插入”选项卡中的“插图”选项区中单击图片按钮，在弹出的“插入图片”对话框中选中一幅图片插入到幻灯片中，如图 9.5.15 所示。

图 9.5.14　输入文本

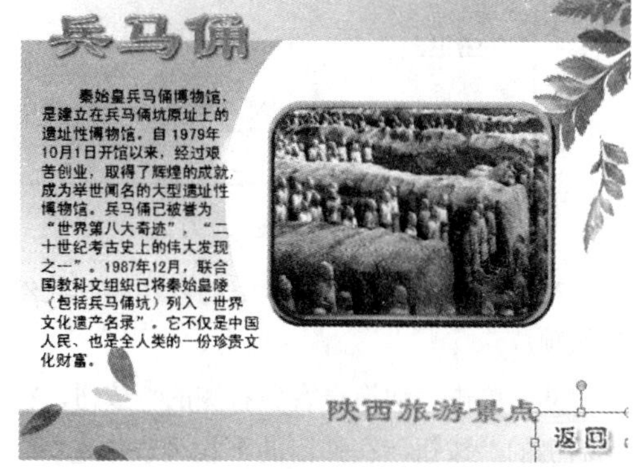

图 9.5.15　插入图片

（30）在该图片上单击鼠标右键，从弹出的快捷菜单中选择超链接(H)...命令，弹出“插入超链接”对话框。

（31）在“链接到”选项区中选中“本文档中的位置”选项，在“请选择文档中的位置”选项区中选中“幻灯片 1”，如图 9.5.16 所示。

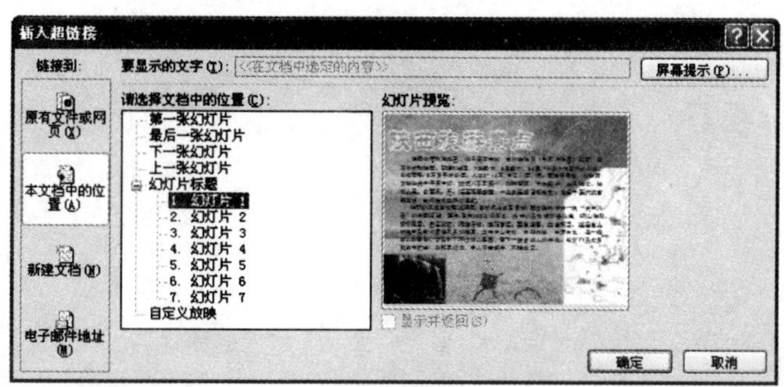

图 9.5.16　“插入超链接”对话框

（32）单击确定按钮，设置好链接选项。选中该图片，将其复制并粘贴到其他 5 张幻灯片中。

（33）切换到“幻灯片 1”中，选中该幻灯片中的图片组合。在“动画”选项卡中的“动画”选项区中单击自定义动画按钮，打开“自定义动画”任务窗格。

（34）选择添加效果→进入(E)→其他效果(M)...命令，弹出“添加进入效果”对话框。

（35）在该对话框中选择“飞入”选项，在“自定义动画”任务窗格中将其开始方式设置为“之后”，方向设为“自右侧”。

（36）在“自定义动画”任务窗格中的动画选项右侧单击按钮，在弹出的下拉列表中选择计时(T)...选项，弹出“飞入”对话框，如图 9.5.17 所示。

（37）在“计时”选项卡中的“速度”文本框中输入“20”，单击“重复”右侧的按钮，在弹出的下拉列表中选择“直到幻灯片末尾”选项，如图 9.5.18 所示。

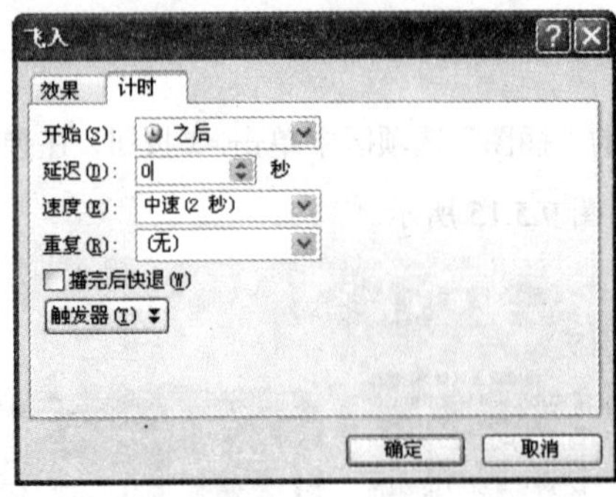

图 9.5.17 “飞入”对话框

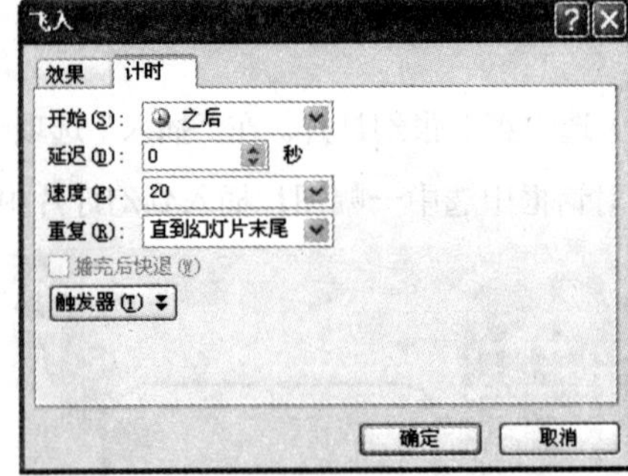

图 9.5.18 设置动画飞入的效果

（38）在“动画”选项卡中的“切换到此幻灯片”中单击按钮，从弹出的下拉列表中选择“溶解”选项。

（39）单击“切换声音”右侧的按钮，在弹出的下拉列表中选择“风铃”选项；单击“切换速度”右侧的按钮，在弹出的下拉列表中选择“中速”选项。

（40）单击全部应用按钮，将设置的切换效果应用到所有的幻灯片中。

（41）至此，该幻灯片已制作完成，按“F5”键进行预览，效果如图 9.5.1 所示。